Kaveh Ostad-Ali-Askari
Zahra Hosseini Teshnizi
Hossein Gholami

Symulacja inżynierii środowiska i zrównoważonego zarządzania

Kaveh Ostad-Ali-Askari
Zahra Hosseini Teshnizi
Hossein Gholami

Symulacja inżynierii środowiska i zrównoważonego zarządzania

title

Wydawnictwo Bezkresy Wiedzy

Imprint

Cover image: www.ingimage.com

This book is a translation from the original published under ISBN 978-620-0-54864-1.

Publisher:
Wydawnictwo Bezkresy Wiedzy
is a trademark of
Dodo Books Indian Ocean Ltd., member of the OmniScriptum S.R.L Publishing group
str. A.Russo 15, of. 61, Chisinau-2068, Republic of Moldova Europe
Printed at: see last page
ISBN: 978-620-0-81115-8

Tytuł książki:

Symulacja inżynierii środowiska i zrównoważonego zarządzania

Autorzy:

Kaveh Ostad-Ali-Askari1*, Zahra Hosseini Teshnizi2, Hossein Gholami3

[1] Stypendium [doktoranckie], Wydział Inżynierii Wodnej, College of Agriculture, Isfahan University of Technology (IUT), Isfahan, Iran, kod pocztowy : 8415683111.*

[2]M.Sc. of Water Engineering, Department of Water Engineering, College of Agriculture, Isfahan University of Technology (IUT), Isfahan, Iran, Postal Code : 8415683111.

[3]B.Sc. of Civil Engineering, Department of Civil Engineering, Isfahan (Khorasgan) Branch, Islamic Azad University, Isfahan, Iran.

***Korrespondencja do:**
Dr Kaveh Ostad-Ali-Askari, doktorat.
Stypendium podoktoranckie, Wydział Inżynierii Wodnej, Szkoła Wyższa Rolnictwo, Uniwersytet Techniczny w Isfahanie, Isfahan (IUT), Iran. Poczta . Kod: 8415683111. Numery telefonów: +989126404309 & +989122471430,
E-mail: kaveh.oaa2000@gmail.com

2020

Uniwersytet Techniczny w Isfahanie

Isfahan University of Technology (IUT) (perski: دانشگاه دانشگاه صنعتی Dāneshgāh-e San'ati-ye Esfahān) jest jednym z najbardziej prestiżowych uniwersytetów w Iranie. Isfahan University of Technology (IUT), jako jeden z wiodących uniwersytetów w Iranie, został założony w 1974 roku, a swoją działalność akademicką rozpoczął w 1977 roku. IUT jest jednym z pionierów wśród uniwersytetów krajowych i znalazł się w czołówce uniwersytetów azjatyckich w międzynarodowych rankingach uniwersyteckich. IUT posiada 14 wydziałów i departamentów z około 11000 studentów i 600 członków akademickich i oferuje cztery dyscypliny inżynierii, nauk podstawowych, rolnictwa i zasobów naturalnych we wszystkich trzech poziomach studiów BSc, MSc i PhD. IUT znajduje się w centralnej części kraju o łącznej powierzchni 2300 hektarów ziemi. Z tego 400 ha powierzchni zostało przeznaczone na główny kampus. Główny kampus, przypominający małe miasteczko, zawiera wszystkie budynki edukacyjne lub badawcze, a także nowoczesne akademiki, w których mieszka ponad 5000 studentów oraz kwatery mieszkalne, które zapewniają pracownikom akademickim domy w zabudowie bliźniaczej. W celu ułatwienia pracy studentom i pracownikom, IUT oferuje również centrum służby zdrowia, centra handlowe, sportowe i rekreacyjne na terenie kampusu. IUT posiada 11000 studentów studiów dziennych i absolwentów trzech dyscyplin: Inżynierii, Nauk Podstawowych, Rolnictwa i Zasobów Naturalnych. W skład IUT wchodzi Kolegium Rolnictwa (z dziesięcioma wydziałami), dziewięć wydziałów Inżynierii, trzy wydziały Nauk Podstawowych, jeden wydział Zasobów Naturalnych z trzema wydziałami, siedem ośrodków badawczych i wiele grup badawczych. Ponieważ znajduje się on w samym sercu kompleksów przemysłowych, dał możliwość wzmocnienia wzmocnienia przemysłowego miasta Isfahan i Iranu. Uniwersytet ten odniósł na tyle duży sukces, że nawiązał silne więzi z przemysłem i przeprowadził około 2000 projektów badawczych z różnymi krajowymi organami przemysłowymi. Jeśli chodzi o technologię, mamy zaszczyt być inicjatorem Isfahan Science and Technology Town (ISTT), które jest jednym z liderów na Bliskim Wschodzie. Połączenie IUT i ISTT prowadzi do zacieśnienia współpracy między IUT i organizacjami przemysłowymi w regionie w celu realizacji większej ilości projektów badawczych, określenia programu nauczania opartego na potrzebach przemysłu, zapewnienia studentom możliwości eksperymentowania w zakresie rozwiązywania rzeczywistych problemów w oparciu o potrzeby społeczeństwa, jako programu szkoleniowego, kształcenia naszych studentów i absolwentów na przedsiębiorców.

Misja uniwersytecka

Celem Isfahan University of Technology, jako instytucji szkolnictwa wyższego, jest przyczynianie się do kształcenia młodzieży w Islamskiej Republice Iranu, a w szczególności całego świata, oraz do postępu wiedzy. W związku z długoterminowymi planami rządu Islamskiej Republiki Iranu dotyczącymi szerszego zakresu szkolnictwa wyższego, IUT podjął wybitne kroki w kierunku ustanowienia tytułów magistra i doktora we wszystkich dziedzinach inżynierii, nauki i rolnictwa jako sposobu na osiągnięcie naukowej samowystarczalności. Isfahan University of Technology dąży do osiągnięcia doskonałości we wszystkich programach i działaniach. To wyzwanie dla wysokich osiągnięć tworzy dynamiczną atmosferę. IUT jest zobowiązany do zapewnienia równych szans edukacyjnych dla wszystkich wykwalifikowanych kandydatów. Ugruntowana krajowa i międzynarodowa reputacja IUT opiera się na jakości i wyróżniającej się działalności badawczej i naukowej jego wydziałów i studentów. IUT utworzył Międzynarodowy Kampus w celu zwiększenia liczby studentów i wydziałów międzynarodowych oraz rozwoju metod i programów e-Learningowych i zachęcenia zagranicznych członków społeczności akademickiej do współpracy poprzez środowisko e-learningowe.

Niektóre strategiczne interesy uniwersytetu są następujące:

- *Opracowanie strategicznego planu osiągnięcia zielonych metryk w IUT (Green University)*

- *Zawieranie dalszych umów i powiązań z akredytowanymi światowymi uniwersytetami, w szczególności*
- *uniwersytety świata islamskiego*
- *Poprawa rankingu uniwersytetów wśród renomowanych uczelni*
- *Poprawa współpracy z przemysłem*
- *Zwiększanie liczby centrów doskonałości i ośrodków badawczych*
- *Rozwój wspólnych badań z zagranicznymi instytucjami naukowymi*
- *Zwiększanie wkładu uczelni w publikacje naukowe*
- *Dostarczanie i ulepszanie zaplecza badawczego*
- *Poprawa stosunku liczby pracowników naukowych do liczby studentów*
- *Ulepszanie metod programów E-Learningowych*
- *Zwiększenie dochodów z badań uniwersyteckich w przemyśle*
- *Wzmocnienie firm opartych na wiedzy, parków technologicznych i inkubatorów*

BIOGRAFIA:

Dr Kaveh Ostad-Ali-Askari *był nadzorowany przez prof. Mohammada Shayannejada podczas jego studiów podoktorskich na Wydziale Inżynierii Wodnej w Kolegium Rolniczym Uniwersytetu Technicznego w Isfahanie (Isfahan University of Technology) w Iranie. Kaveh opublikował dużą liczbę książek naukowych, raportów, rozdziałów, czasopism i referatów konferencyjnych. Kaveh przyczynił się do powstania ponad 400 publikacji w czasopismach, książkach, rozdziałach i raportach technicznych. Odnosił sukcesy w wielu grantach naukowych. Kaveh był członkiem rady redakcyjnej 4 czasopism ISI International i recenzentem technicznym około 10 czasopism naukowych. Posiada bogate doświadczenie dydaktyczne w zakresie: systemu modelowania wód gruntowych i hydrogeologii, nauk środowiskowych i zmian klimatycznych. Kaveh nauczał i opracował materiały dydaktyczne dla około 11 przedmiotów na różnych poziomach zaawansowania i nadzorował ponad 9 absolwentów. Kaveh współpracował z kilkoma firmami działającymi w obszarze wód gruntowych. Podczas swojej filii na American University Dubai i Canadian University Dubai, Kaveh opracował badania i prognozowanie ilości zasobów wód gruntowych przy użyciu modelu GMS w warunkach zmian klimatycznych. Ostatnio odbył wizyty naukowe w kilku hrabstwach, w szczególności w Kanadzie, Wielkiej Brytanii, Szwajcarii, Austrii, Niemczech, Chinach, Turcji i Zjednoczonych Emiratach Arabskich w celu nawiązania współpracy naukowej.*

Spis treści

Perface

Irańska Agencja Ochrony Środowiska, za pośrednictwem szeregu swoich krajowych laboratoriów badawczych, publikuje kilka stosunkowo krótkich dokumentów, które przygotowują aktualne dane na temat aktualnego stanu informacji o ocenie miejsc środowiskowych i remediacji zanieczyszczonej gleby i wód gruntowych. Wiele z tych dokumentów stało się klasyką i jest szeroko cytowanych w procedurze oceny miejsca ekologicznego i remediacji. Inne, podobnie cenione prace nie wykazały, na ile zasługują na uwagę. Przez wiele lat zbierałem te szczegóły z Laboratorium Badań Środowiskowych EPA, Laboratorium Procesów Monitorowania Środowiska i Laboratorium Inżynierii Danger Decrease, i zdarzyło mi się, że dobrze by było, gdyby udało się je uzyskać w odpowiedniej formie do szerszego zastosowania. Ten potencjał, Sourcebook Inżynierii Środowiska EPA, kończy prace i biuletyny, które koncentrują się na remediacji zanieczyszczonych gleb i wód gruntowych. Companionable capacity, EPA Environmental Evaluation Sourcebook, podsumowuje dokumenty, które koncentrują się na postępowaniu z zanieczyszczeniami i procedurze transportu oraz modelowaniu i opisywaniu i sprawdzaniu miejsc środowiskowych.

Podziękowanie

Badania te były wspierane przez Uniwersytet Technologiczny w Isfahanie. Dziękujemy wszystkim autorom, którzy dostarczyli wgląd i wiedzę, które bardzo pomogły w badaniach.

Inżynieria środowiska

Streszczenie

Inżynieria środowiskowa to system technologii pracy, który wykorzystuje szerokie spektrum zagadnień metodologicznych, takich jak chemia, biologia, ekologia, geologia, hydraulika, hydrologia, mikrobiologia i matematyka do tworzenia rozwiązań, które zachowają, a także zwiększą bezpieczeństwo stworzeń nawykowych i zmienią modalność warunków. Inżynieria środowiska jest podsystemem inżynierii lądowej i chemicznej. Inżynieria środowiskowa jest podejściem technologicznym i inżynieryjnym mającym na celu poprawę i utrzymanie obwodu w celu: utrzymania bezpieczeństwa antropomorficznego, utrzymania dyspozycji użytecznych ekosystemów oraz lepszego powiązania ze środowiskiem modalności siedlisk ludzkich. Inżynierowie ochrony środowiska planują objaśnienia dotyczące organizacji ścieków, kontroli zanieczyszczeń wody i powietrza, ponownego przetwarzania, usuwania odpadów i dobrobytu publicznego. Planują oni obywatelskie źródła wody i schematy postępowania ze ściekami produkcyjnymi oraz strategie projektowe mające na celu zatrzymanie chorób wodnych i odzyskanie czystości w mieście, na wsi i w strefach rozrywkowych. Oceniają programy organizacji ryzykownych odpadów, aby ocenić stopień zagrożenia, ukierunkować działania i represje oraz opracować zasady postępowania w celu powstrzymania katastrof. Wykorzystują zasady inżynierii środowiskowej, tak jak w przypadku pomiaru wpływu planowanych programów budowlanych na środowisko. Inżynierowie ochrony środowiska badają wyniki badań naukowych nad sytuacją, odnosząc się do lokalnych i uniwersalnych kwestii środowiskowych, takich jak kwaśne deszcze, globalne ocieplenie, redukcja ozonu, zanieczyszczenie wody i powietrza przez spaliny samochodowe i bazy produkcyjne.

Słowa kluczowe:

Inżynieria Środowiska, Zanieczyszczenia, Ścieki, Zanieczyszczenia, Woda.

Rozdział 1: Inżynieria środowiskowa wśród studentów inżynierii lądowej i wodnej

Czym jest Wiedza Zależna od Problemu? Problem-Dependence Knowledge to metoda nauczania, która rozpoczęła się w McMaster College w latach 60., a następnie została rozszerzona na Amerykę Północną i gdzie indziej w ekosferze (Albanese & Mitchell, 1993). W medycynę uwierzyło już ponad 82% uniwersytetów medycznych w Stanach Zjednoczonych stosujących metodę Wiedzy Zależnej od Problemu (Problem-Dependence Knowledge) w edukacji elementarnej w różnych klasach (Jonas i in. 1989). Dodatkowo, była ona przydatna w wielu poprawkach oraz w pracy komercyjnej, dydaktycznej, budowlanej, rządowej, inżynieryjnej i społecznej (Savery & Duffy, 1995). Obecna sytuacja i możliwa do utrzymania ekspansja jest istotnym składnikiem programu nauczania w zaawansowanym budownictwie, którego celem jest uczynienie z humanoidalnego pryncypium, które spełnia wymagania rynku okupacyjnego i działa na rzecz rezerwowania ograniczonych zasobów ziemi. Chroni ona wszystkie części nauczania. Malezja chce, aby inżynierowie, eksperci i ci, którzy są specjalistami w wielu dziedzinach, wspólnie przyczynili się do wspierania ogólnokrajowej ekspansji, która zależy nie tylko od własności ziemi, ale także od usług i umiejętności pracowników, aby zarezerwować te dochody. Twierdzi się, że zmiany w nauczaniu ekologii wymagają współpracy wielu rządów i korekt teoretycznych. Ogólnokrajowa Strategia Zaawansowanego Nauczania, która została odrzucona w 2007 roku, nakazuje zmianę nauczania zaawansowanego. Strategia ma na celu osiągnięcie finezji i zrównoważonego rozwoju w zaawansowanym nauczaniu poza rokiem 2020 (Kementerian Pengajian Tinggi, 2011) i planuje siedem kluczowych ognisk związanych z tym celem. Wśród określonych celów strategii znajduje się walka o odzyskanie doskonałości edukacji i wiedzy w celu uzyskania zaawansowanych i moralnych jednostek o miarach odzwierciedlających dezaprobatę i poświęconych wspólnej normie etycznej (Noor Ezlin Ahmad Basri i in., 2012).

Jaki jest problem w zarobkach PBL? Jest to zapytanie lub temat zakładany przez uczonych w trakcie procedury kształcenia i wiedzy, które występują w ich otoczeniu. Uczniowie są wówczas zobowiązani do określenia problematyki poprzez zastosowanie informacji, które wcześniej wykształcili. W odniesieniu do White'a (1995), trudności, które zakłada się naukowcom, powinny być to sprawy lub okoliczności, które rzeczywiście miały miejsce w rzeczywistości, kolejne i muszą być odpowiednie dla uczonych, aby zakładać problem w grupie, która trwała przez tydzień lub dłużej. W metodzie PBL zakłada się, że trudności są wcześniejsze, zanim zostanie założony wykład. Różni się to od konserwatywnej techniki edukacyjnej, w której trudności są uzgadniane z uczonymi pod koniec każdego segmentu kształcenia w sali szkolnej. W jego szeroko pojętym rozumieniu PBL jest treningiem do rzeczywistych problemów, które pomagają naukowcom w uzyskaniu informacji i usług w biurze. W chwili obecnej bardzo potrzebna jest fachowa, zaawansowana, skromna i niezwykle sprawna kadra. Aby poprawić te predyspozycje, nauczyciele muszą dostarczyć odpowiednią oprawę wiedzy, która może być głównym elementem procedury zdobywania wiedzy, która wzbudza w uczonych niebezpieczną racjonalność w rozwiązywaniu rzeczywistych trudności w trakcie warsztatów. Procedura zdobywania wiedzy PBL wymaga od wszystkich uczonych intensywnego zaangażowania się w pracę w szkole. Choć może to być problematyczne w przypadku lekcji z dużą liczbą uczonych liczącą ponad 100 osób. W trakcie trwania procedury PBL uczeni są zobowiązani do wysiłku w mniejszych zbiorach (od 3 do 5 uczonych w każdym zbiorze), aby mogli wymieniać się informacjami i w równym stopniu wspierać się wzajemnie. Nie mogą oni uzależniać się tylko od samych zapisów tekstowych, ale będą również zbierać informacje od innych fundacji, takich jak strony internetowe, kwartalniki, arkusze i konferencje. Uczeni rozwiążą wtedy problem w zależności od informacji i danych, które uzyskali z ich wniosków. Metoda edukacji i wiedzy zależna od PBL jest ważnym składnikiem obecnego programu nauczania w Malezji, czyli Outcome-Based Teaching. Outcome-Based Teaching zwraca uwagę na "konsekwencje" lub wyniki. Każda z prezentowanych sekwencji posiada swoje własne obiekty progresji, zaś "konsekwencje" mają być osiągane przez uczonych po zakończeniu sekwencji lub po zakończeniu ich edukacji na uczelni. W zastosowaniu prawdziwej edukacji i wiedzy w College Kembangan Malaysia, Ability of Manufacturing zapewnił sekwencję spotkań, przemówień i sklepów na temat metody Outcome-Based Teaching edukacji i wiedzy dla wszystkich prelegentów. Ma to na celu przygotowanie kontaktu i informacji dla prelegentów na temat tego, w jaki sposób wykorzystać skuteczną edukację i wiedzę stosując ideę PBL. Prelegenci mogą otrzymać nowatorskie pomysły, dzięki którym będą mogli kreatywnie upowszechniać wiedzę o PBL w swojej procedurze edukacyjnej, która obejmuje również ocenę konsekwencji poprzez wyliczenie osiągnięć uczonych.

Zarys Inżynierii Ekologicznej (kod progresji KH2173) jest progresem dla naukowców inżynierii lądowej i wodnej, którego głównym celem jest zagwarantowanie, że naukowcy rozumieją prostą inżynierię i dyscyplinę zanieczyszczeń ekologicznych. Naukowcy są zobowiązani do klasyfikacji fundamentów zanieczyszczeń i ich wpływu na sytuację i kondycję społeczności. Stypendyści są również widoczni w podejściu stosowanym w odniesieniu do ścieków komunalnych. Cechy rozważane w tej kolejności obejmują podstawowe pojęcia z zakresu inżynierii ekologicznej, organizacji własności wodnej, przewodnictwa wodnego, przewodnictwa ścieków, kanalizacji, zanieczyszczenia powietrza, odpadów stałych i organizacji odpadów niebezpiecznych. Ogólnie rzecz biorąc, sekwencja ta przedstawia ideę organizacji ekologicznej, taką jak utrzymanie wzrostu gospodarczego, ocena efektu ekologicznego, plan sytuacji prawnej i moralnej. Pierwotnie sekwencja ta uwzględniała konsekwencje edukacyjne dla zawartości Programów Przedmiotów Programowych (PO) dla Budownictwa i Środowiska oraz Programów Szkolnych Inżynierii Lądowej i Organizacyjnej. W TABELI eksponowane są PO dla Programowanych Stopni Inżynierii Lądowej i Strukturalnej oraz Programowanych Stopni Inżynierii Lądowej i Środowiskowej. Odpowiednimi PO uznanymi w Zarysie Postępu Inżynierii Ekologicznej są PO1, PO2, PO4, PO5 i PO6.

Tabela 17. Wnioski dotyczące pakietu w zakresie inżynierii lądowej i konstrukcyjnej zaprogramowanej oraz inżynierii lądowej i środowiskowej zaprogramowanej

Program Outcomes, PO	
PO1	Ability to acquire and apply mathematical, science, and engineering principles toward technical competency in the fields of Civil & Structural Engineering/Civil & Environmental Engineering
PO2	Ability to identify engineering problems and formulate a solution.
PO3	Ability to design a Civil & Structural Engineering project/Civil & Environmental Engineering within realistic limitations, including economic, environmental, social, political, ethical, health, and security and sustainability.
PO4	Professional understanding and ethical responsibility and commitment.
PO5	Ability to plan and conduct an experiment and then to analyze and interpret the data collected.
PO6	Ability to use techniques, skills and modern technique tools entailment for engineering practice.
PO7	Ability to communicate effectively, not only with other engineers but also with society at large.
PO8	Ability to function effectively as an individual in groups and to lead or manage a group or teammates effectively.
PO9	Commitment to lifelong learning.
PO10	Ability to use elements in construction project management, asset management, public policy, administration, business, and entrepreneurship.

CO zostały wyjaśnione naukowcom w pierwszym tygodniu semestru teoretycznego przez prelegenta informującego wszystkich naukowców o metodach kształcenia i nauczania, które zostaną pokazane w trakcie postępu. TABELA 17 przedstawia podejście do CO, nauczania i wyceny dla tej sekwencji.

Tabela 18. Konsekwencje sekwencji, Edukacja i Technika Wyceny dla Sekwencji Zarysu Inżynierii Ekologicznej

No	*Course Outcomes (CO)*	*Teaching Methods*	*Assessment*
1	Ability to understand environmental issues, basic environmental management & planning, sustainable development, ethics, legislations and standards	Lecture & PBL	Examination & Technical Report
2	Ability to carry out calculations for environmental system	Lecture & Tutorial	Examination
3	Ability to understand and identify suitable management and treatment in water supply, wastewater, solid waste, hazardous waste, air and noise.	Lecture	Examination & Technical Report
4	Ability to understand the flow process of EIA report submission, the environmental impact from a proposed project and their mitigation methods.	Lecture & PBL	Examination & Technical Report
5	Ability to conduct experiment for water quality parameters such as BOD, COD, TSS etc.	Laboratory Experiment	Examination & Laboratory Report
6	Aware of professional and ethical responsibility of an engineer in relation with the environmental	PBL	Technical Report

Konstrukcja wyceny dotycząca osiągnięcia przez uczonych PO ogólnego zarysu sekwencji inżynierii ekologicznej jest następująca: kontrola końcowa (40%) do oceny PO1, PO2 i PO4 xMid Semester Inspection (20%) do oceny projektów PO1, PO2 i PO4 (10%) do oceny PO1 (założono cztery ilości projektów) xPBL Schematy (15%) do oceny PO4 (założono dwa małe schematy) .

W przypadku sekwencji od zarysu do inżynierii ekologicznej, składnik PBL ustala się na około 30% z całej wyceny sekwencji. Stosowany zespół jest praktyczny w metodzie PBL. Ustalenie przykładu w stosunkowo dużej klasie liczącej około 100 uczonych jest raczej problematycznym obowiązkiem nauczyciela, aby współpracował lub zadawał pytania każdemu uczonemu z osobna przez cały czas trwania wystąpienia. W związku z tym rozważania uczonych i prelegentów zostały zakończone w zbiorze podczas konferencji programu PBL. W tej kolejności uczeni zostali wyalienowani na 3-5 uczonych dla każdej kolekcji.

W pierwszym tygodniu semestru teoretycznego, który ma być zakończony w ciągu 12 tygodni, przyjęto do realizacji zadania i zadania związane ze schematami PBL. Schematy PBL dla sekwencji Zarysu Inżynierii Ekologicznej były realizowane od montażu teoretycznego w roku 2005/2006. W trakcie pierwszego tygodnia semestru teoretycznego, który ma być zakończony w ciągu 12 tygodni, przyjęto do wiadomości naukowców liczne tematy z zakresu ekologii. Pierwotnie, na zebraniu teoretycznym w latach 2005/2006 i 2006/2007 przyjęto cały szereg tematów do 20 kolekcji uczonych, a więc wykorzystano dwie kolekcje na podobny temat. Wszystkie tematy wiązały się z rzeczywistymi trudnościami ekologicznymi, które występowały w ich sąsiedztwie. Celem posiadania dwóch kolekcji o tej samej tematyce jest dokonywanie ocen między zbiorami. W każdym zbiorze odbywały się spotkania z mówcami w drugim, trzecim i siódmym tygodniu semestru. Konferencje te miały prowadzić uczonych w początkowych fazach schematu i wcześniejszych warsztatach wstępnych do całości. W trakcie konferencji uczeni byli wzmacniani, aby rozciągać swoje uczucia w celu poprawy niebezpiecznych racjonalnych rozwiązań problemów ekologicznych.

Procedura edukacji i wiedzy z zastosowaniem metody PBL, które zostały zatwierdzone w ramach "Zarysu postępu w Inżynierii Ekologicznej", będąca w stanie zainspirować i przeszkolić uczonych do niebezpiecznych postępów racjonalnych, do agresywnego wkładu w pracę w szkole/spotkaniach oraz do bycia prawdziwym członkiem zespołu. W nauczaniu inżynierii, oprócz tworzenia inżynierów, którzy posiadają dogłębne informacje praktyczne, ważne jest również, aby inżynierowie byli w stanie pracować wydajnie jako członkowie zespołu. Zespół zatrudniony w zespole potrzebuje takich usług, jak: organizowanie konferencji; przenoszenie, deliberowanie i kłótnie; pomysłowe rozwiązywanie trudności; gotowość do przedstawiani a koncepcji i uczuć; zarządzanie; przekaz (uczestnictwo, rozmowa i przedstawienie obrazowe) oraz inne odpowiednie usługi (Andersen 2003). Zatrudniony zespół zajmuje znaczące miejsce w ogólnej realizacji schematów. Procedura zdobywania wiedzy poprawiła również usługi naukowców w zakresie współpracy i łączenia się werbalnie ze sobą. Przyznanie Wan Hamidon (2005) usług ogłoszeniowych jest jednym z istotnych standardów przez szefów do wyboru pracy. Świadomość uczonego w zakresie problemów ekologicznych została w tym samym okresie wzmocniona przez wydarzenia PBL. Świadomość ekologiczna została poprawiona poprzez zastosowanie metody PBL, dzięki której naukowcy byli energicznie skomplikowani w docieraniu do istotnych informacji z wielu baz przy rozwiązywaniu trudności. Nie było niepewności co do ilości uczonych, którzy mieli problemy z przyjęciem metody edukacji PBL, która wymaga rozważań i konferencji wśród uczonych i mówców. W zależności od zapisu obecności na konferencjach i krytyki ze strony innych członków zespołu, tylko 2% uczonych nie dołączyło do zgromadzeń konferencyjnych, które miały wpływ na trudności z innymi członkami zespołu. Naukowcy ci byli następnie konsultowani przez prelegentów na temat stanowiska metody PBL.

Metoda PBL w Poradniku do Sekwencji Inżynierii Ekologicznej jest w stanie poprawić poziom świadomości ekologicznej wśród naukowców inżynierii lądowej i wodnej w celu zwiększenia zdolności do klasyfikowania podstaw zanieczyszczeń i ich wpływu na sytuację oraz podejścia regulacyjne. Przy rozwiązywaniu projektów PBL uczony staje się świadomy odpowiedzialności eksperckiej i pryncypialnej inżyniera budowlanego za problemy ochrony równowagi ekologicznej.

Rozdział 2 : Inżynieria i ocena środowiskowa

Nadmiar żwiru odlewniczego jest głównym produktem ubocznym odlewni. Ze względu na obecność metali w żwirze odlewniczym Excess oraz niepożądaną świadomość społeczną, ten istotny materiał jest zazwyczaj odrzucany na wysypisko jako nadmiar znaczący. Nadmiar żwiru odlewniczego może jednak zostać poddany recyklingowi jako materiał budowlany w programach budowy podkonstrukcji budowlanych. Aby nadmiar żwiru odlewniczego mógł być wykorzystywany w sposób możliwy do utrzymania, należy prawidłowo ocenić i porównać z lokalnymi dostawami. W niniejszym badaniu założono, że badania geotechniczne i ekologiczne mają na celu ocenę stanu posiadania i możliwości wykorzystania nadwyżek żwiru odlewniczego w praktyce w budownictwie inżynieryjnym. Ponadto założono badania kontrolne na zużytym szkle, dobrze przyjętym nadmiarze fizycznym, który został pozytywnie zastosowany w budownictwie inżynieryjnym, do celów porównawczych. Konsekwencje badań geotechnicznych oraz cel, jakim jest najwyższa sucha zwartość i najlepsza odporność na wilgoć, proporcje na sposób kalifornijski i przenikalność, wskazują, że dodatkowe kamienie odlewnicze mogą być akceptowalne do zastosowania jako wypełnienie znacznych rozmiarów w kopcach i przy budowie rurociągów. Wyniki badań ekologicznych, takich jak analiza biochemiczna i analiza odcieków, są sprzeczne z wynikami badań, przy czym w zgłoszeniach, takich jak wypełnianie zapór drogowych i układanie rurociągów, nie wskazano żadnych szczególnych zagrożeń w przypadku stosowania tego materiału jako materiału wypełniającego. Dodatkowo policzono inwestycje w znak węglowy poprzez ewentualny recykling EXCESS FOUNDRY SAND /RG (Arul Arul rajah, 2016).

Formowanie i zdobienie surowców żelaznych i nieżelaznych zakłada się w odlewniach (Salokhe & Desai, 2011). Wymaga to dokładnych wymiarów wysokiej jakości piasku krzemionkowego w celu wytworzenia odlewów stosowanych do metali ciężkich i stopionych w procesie formowania. Zbiorowe połączenie spoiw i piasku krzemionkowego zapewnia dokładną formę do odlewów (Lin, Cheng, Cheng, & Chao, 2012). Charakterystyczne spoiwa stosowane w tym celu to spoiwa zwykłe (takie jak glina bentonitowa) oraz biochemiczne, które są stosowane w procesach wysokotemperaturowych (Siddique & Singh, 2011). Gdy pożądana forma zostanie dokładnie wykonana w formie, roztopiony metalik jest dozowany do formy. Powtórna praca superior piasku krzemionkowego do formowania i szczegóły w konsekwencji w odlewnictwie w produkcji nadmiaru piasku odlewniczego (Lin et al., 2012). W statystyce, piasek stosowany do wytworzenia zasadniczej formy w formie jest powtarzalnie stosowany w procedurze formowania, aż do momentu jego metodycznego zanieczyszczenia, przy czym nadmiar piasku odlewniczego jest wyrzucany, często na wysypiska (FHWA, 2004; Saloke & Desai, 2011). Nadmiar piasków jest szeroko stosowany w zastosowaniach geotechnicznych i dzieli się na wiele głównych grup: piaski odlewnicze, rzadkie żużle, popioły ciężkie i części metaliczne. Wśród nich nadmiar piasku odlewniczego jest zwykle stosowany ze względu na jego wydobywalność, bogactwo mineralne i ogólne podobieństwo do piasków zwykłych i recyklowanych (Saloke & Desai, 2011). Naturalnie, nadmiar piasku odlewniczego można zaliczyć do piasku zielonego i chemicznie sklejonego, w zależności od rodzaju spoiwa stosowanego w procesie formowania (Siddique & Singh, 2011). W zależności od koloru, nadmiar piasku odlewniczego można zilustrować na podłożu lepiszcza. Piasek zielony standardowo czarny lub szary, gdzie chemicznie związany z piaskiem barwi się średnio na biało lub na biało (Siddique & Singh, 2011). Ponieważ pozbycie się tego produktu ubocznego jest często drogie, w ostatnim czasie stosuje się go w takich zastosowaniach, jak: mieszanki gorących wypełniaczy asfaltowych, produkcja cementu (FHWA, 2004), kopce (Partridge, Fox, Alleman, & Mast, 1999; Mast & Fox, 1998) oraz bazy pod autostrady (Guney, Aydilek, & Demirkan, 2006; Goodhue, Edil, & Benson, 2001). Narody takie jak USA, Indie, Chiny, Australia i Tajwan wytwarzają wiele ton nadmiaru piasku odlewniczego, co stanowi ogromny test ekologiczny (Lin i in., 2012). Nadmierne wykorzystanie nadmiaru piasku odlewniczego przygotowuje niedrogie i ekologicznie przystępne rozwiązanie, w przeciwieństwie do wysokich cen składowania na wysypiskach śmieci i do wydobywania pierwotnych zasobów (Siddique & Singh, 2011). Partridge et al. (1999) oraz Guney et al. (2006) stwierdziły, że nadmiar piasku odlewniczego jest nieszkodliwy dla niektórych zastosowań inżynieryjnych. nadmiar piasku odlewniczego jest hydrofilny na terenach wiejskich i pochłania duże ilości wody. Ponadto, ze względu na obecność fenoli, substancja ta może ulegać erozji (Siddique & Singh, 2011). Stosowność wykorzystania nadmiaru piasku odlewniczego w odniesieniu do problemów ekologicznych można ocenić poprzez badanie odcieków. Na przykład na składowiskach odpadów opady deszczu i filtracja wody przez wyrzucaną substancję powodują powstawanie odcieków (Siddique, Kaur, Rajor, 2010). W popularnych badaniach historycznych nadmiar piasku odlewniczego był albo utrwalany przy użyciu substancji cementowej (cement, wapno, itp.), albo nakładany jako dodatek do części piaskowej mieszanki, np. kombinacji betonu lub gorącego asfaltu. W tabeli 18 przedstawiono natychmiastowe skutki kilku prac badawczych, jak również archetypiczne posiadłości wykazane w FHWA (2004). W tabeli tej przedstawiono normy dotyczące najlepszej zawartości wilgoci, najwyższego stężenia na sucho oraz kalifornijskiego współczynnika nośności, zgodne z przykładami zagęszczania przy zastosowaniu normalnego określania zagęszczenia. W dwóch z wyznaczonych zadań badawczych nadmiar piasku odlewniczego został zastosowany wyłącznie bez powiązania z innymi zasobami. W pozostałych przypadkach był on jednak mieszany z bentonitem (Abichou, Benson, & Edil, 2000), mieszany z cementem (Naik, Singh, & Ramme, 2001) lub stosowany razem z geosyntetykami (Guney i in., 2006). Zazwyczaj w ocenie niefiskalnej, w której nadmiar piasku odlewniczego był nakładany jako oddzielna substancja, w miejscu łączenia go z innymi surowcami w mieszaninie, przekreślano tylko niewystarczające prace badawcze. W nowych latach ponownie wykorzystane zasoby zostały ocenione i uznane za zadowalające w wielu zastosowaniach podbudów inżynieryjnych (Arulrajah, Disfani, Horpibulsuk, Suksiripattanapong, & Prongmanee, 2014). Szkło używane ponownie (DWB) w szczególności, zostało ukończone ważne w drogach w nowych wiekach i zostało uznane za odpowiednie do zastosowań np. wypełnienia wałów (Wartman, Grubb, & Nasim, 2004), podbudowy chodników (Arulrajah, Ali, Disfani, & Horpibulsuk, 2014), cementowa podstawa jezdni (Arulrajah, Disfani, Haghighi, Mohammadinia, & Horpibulsuk, 2015), podstawy chodników (Arulrajah Ali, Disfani, Piratheepan, & Bo, 2013), oprócz lekkich wypełnień (Arulrajah, Disfani, Maghoolpilehrood i in., 2015). Uznano również, że ekologiczny majątek, jakim jest szkło powtórnie wykorzystane, został poddany obowiązkowym dostawom kontrolnym (Imteaz, Ali, & Arulrajah, 2012). Ponownie wykorzystane szkło jest również przedmiotem obrotu handlowego w Australii i jest reklamowane jako używany towar piaskowy. Szkło używane ponownie jest tak staranne, że stanowi doskonały materiał do analizy porównawczej prezentacji nadmiaru piasku odlewniczego jako wypełnienia inżynierskiego i ilościowego wiązania rur. Prowadzenie serii szkoleń na temat nadmiaru piasku odlewniczego, podobnie jak w przypadku szkła recyrkulowanego, dostarcza inżynierom i twórcom zadowalających informacji na temat posiadania tego znaczącego materiału i obejmuje metodę szerokiego recyklingu tego odpadu o dużym znaczeniu w rozwoju inżynierii lądowej i wodnej. W związku z tym, powiązanie posiadanego piasku odlewniczego EXCESS FOUNDRY SAND z zaakceptowaną substancją używaną (ponowne wykorzystanie szkła) powoduje większą wdzięczność za jego odpowiedniość w podobnych wnioskach. Mimo że popularność ocenianego w pracach nadmiaru piasku odlewniczego napotyka na potrzeby ekologiczne, stosowanie procedury badania odcieku jest nieobowiązkowe dla każdego nowego podłoża nadmiaru piasku odlewniczego, który ma być zastosowany (FHWA, 2004). Ponadto w nowych pracach badawczych kładzie się nacisk jedynie na posiadanie mieszanek, w których jako składnik stosuje się piasek odlewniczy EXCESS FOUNDRY SAND, a nie na posiadanie nadmiaru piasku odlewniczego. Użycie nadmiaru piasku odlewniczego bez mieszania go z innymi zasobami, w przypadku napotkania dostaw, może zaoszczędzić cen i zmagań pożądanych w projekcie łączenia i mieszania piasku odlewniczego. W tym samym okresie spotyka się z celem recyklingu nadmiaru piasku odlewniczego, a nie wyrzucania go na wysypiska. W niniejszym dochodzeniu oceniono ekologiczne i inżynieryjne właściwości nadmiaru piasku odlewniczego, uzyskanego ze zdolności do ponownego wykorzystania w Melbourne w Australii, oraz stwierdzono stosowność tej substancji jako substancji do wypełniania i łączenia rur. Istotne otwarcia w nowym dochodzeniu w sprawie nadmiaru piasku odlewniczego, na przykład różnice w jego posiadaniu w stosunku do innego, powszechnie uznanego, innego piasku pochodzącego z recyklingu, będącego powtórnie wykorzystywanym szkłem jako substancja wypełniająca i wiążąca rury, były głównym przedmiotem niniejszego dochodzenia. Posiadanie nadmiaru piasku odlewniczego jako punktu odniesienia w przypadku ponownego wykorzystania szkła będzie stanowić odpowiedź na ważne, długotrwałe pytania dotyczące technicznej i ekologicznej prezentacji nadmiaru piasku odlewniczego w porównaniu z innymi uznanymi zasobami wykorzystywanymi w zastosowaniach, na przykład jako wypełnienie inżynieryjne i podsypka do rur, a optymistyczne konsekwencje będą miały przede wszystkim wpływ na szerszy zakres odbioru nadmiaru piasku odlewniczego jako substancji budowlanej. Wymieniono również inwestycje w znak poprzez ewentualny recykling szkła EXCESS FOUNDRY SAND / Reused glass.

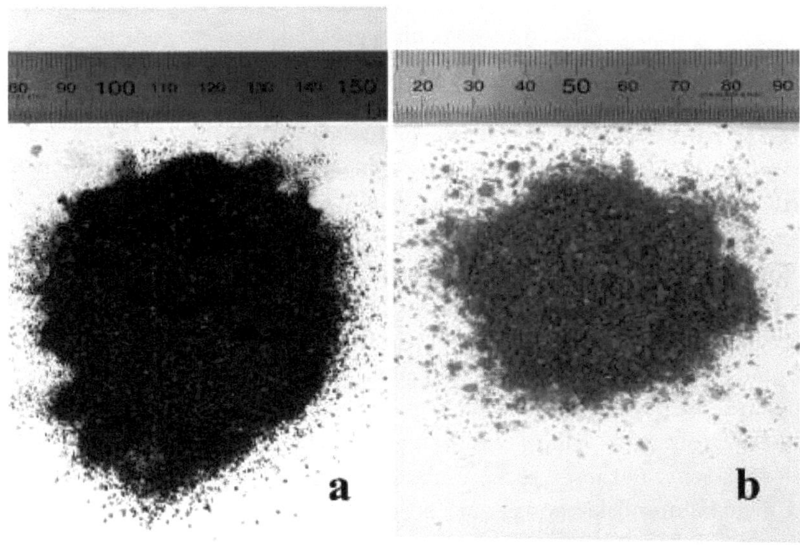

Rys. 15. Zamknij zdjęcia (a) nadmiaru piasku odlewniczego i (b) powtórnie wykorzystanego szkła.

Nadmiar piasku odlewniczego i powtórnie wykorzystanego szkła stosowany w niniejszym dochodzeniu został przygotowany z budynku przeznaczonego do ponownego przetworzenia i zniszczenia w Melbourne w Australii. Nadmiar piasku odlewniczego miał czarny kolor, ze względu na obecność zanieczyszczeń, podczas pracy całości. Ponownie wykorzystane szkło było różnokolorowym szkłem, które jest zbyt akceptowalną substancją, aby mogło być barwione z powrotem w butelki i w związku z tym trafia do strumienia odpadów (Arulrajah, Ali i in., 2014). Na Rys. 15 pokazano zdjęcie Piasku Ekspresowego, natomiast na Rys. 1(b) pokazano zdjęcie Szkła Ponownie Użytego. Rozkład wielkości elementów w EXCESS FOUNDRY SAND został uzyskany zgodnie z normą ASTM D6913-04 (2009). Dodając do sugerowanych w normie sita 2,36 mm, 1,7 mm i 1,18 mm, uzyskano dokładniejszy PSD. Zastosowano również przykłady 250 g, dzięki czemu napotkano ograniczenia zatłoczenia dla każdego z sit nadające się do stosowania zgodnie z ASTM D6913-04 (2009). Ciężar właściwy (G s) materiału uzyskano zgodnie z ASTM D854-14 (2014). W tym celu zastosowano 100 g suchej substancji i zastosowano technikę B (proces dla przykładów suszenia w piecu), stosując piknometr o pojemności 500 ml.

Odgazowywanie zakończono, stosując pompę próżniową i stół do wstrząsania do mieszania zawiesiny, choć była ona poniżej próżni przez dwie godziny. Normalny proces zagęszczania, zgodny z normą ASTM D698-15 (2015), został przeprowadzony w celu kontroli skojarzenia zawartości wilgoci z suchą grubością zasobów. Zastosowano formę o średnicy 101,6 mm i wysokości 116,43 mm oraz zorganizowano przykłady o 5 różnych wilgotnościach, sięgających od 7 do 14%. Każdy przykład prasowano w 3 warstwach, przy normalnym wysiłku zagęszczania wynoszącym 25 uderzeń. Kalifornijskie badania zależności zachowania (CBR) zostały przeprowadzone zgodnie z normą ASTM D1883-14 [ASTM, 2014b](2014). Zastosowano gnicie o średnicy 152 mm i wysokości 177,1 mm, a następnie zwilżono EXCESS FOUNDRY SAND i RG do stałej optymalnej wilgotności (OMC) i sprężono je w 3 warstwach, stosując normalne wyznaczanie stopnia zagęszczenia. W celu zbadania możliwości wystąpienia stanu zapalnego substancji (obecność gliny) zastosowano urządzenie sterujące, a przykłady kalifornijskich zależności zachowania zalewano wodą przez 96 h. Następnie osiągnięto kalifornijskie normy zależności zachowania przy infiltracji 2,54 mm i infiltracji 5,08 mm, stosując krzywe przenikania naprężeń, przy czym wyższą cenę zależności zachowania stwierdzono w Kalifornii. W tym zakresie, zmiany dla wklęsłości krzywych naprężenie-penetracja wykonane zgodnie z ASTM D1883-14 [ASTM, 2014b](2014) proces. Przewodność hydrauliczna zasobów została uzyskana przy zastosowaniu próby penetracji ciągłej głowicy nadającej (ASTM-D2434, 2006) odpowiednią dla zasobów ziarnistych. Przykładem może być wykonanie próby ściskania w formie o średnicy 152 mm w 3 warstwach, z zastosowaniem zwykłych oznaczeń zagęszczenia. Zmiana wysokości głowicy wyniosła 1,14 m słupa wody. Przenikalność materiału poddanego recyklingowi/ponownie przetworzonego jest cenną wielkością dla oceny jego zdolności do odprowadzania. Wykazano badanie fluorescencyjne metodą rentgenowską w celu kontroli składu chemicznego Piasku Ekspresowego i Granulatu. Grupa zagrożenia, jaką stanowi piasek ekologiczny EXCESS FOUNDRY SAND została zdefiniowana w zależności od Urzędu Ochrony Środowiska (EPA, 1999, 2010) Victoria i australijski normalny proces wycieku (ASLP) (AS, 1997), który jest procesem wycieku z butelek. Dopuszczalna najwyższa wielkość elementu dla tego procesu wynosi 2,4 mm, co jest lepsze niż Dmax zasobów stosowanych w niniejszym dochodzeniu, od tej pory nie było obowiązku rozdzielania. Ekologiczne właściwości Piasku Ekspresowego zostały zweryfikowane dla różnych rodzajów metali ciężkich za pomocą późniejszej australijskiej procedury wartości (AS, 1997) dla badań odcieku, przy zastosowaniu bezstronnej wody (pH = 7) jako cieczy wyciekowej. Odciek kształtowano łącząc piasek uszczelniający EXCESS FOUNDRY SAND i RG z cieczą wyciekową. Dopełniono to poprzez zastosowanie substancji w butelce urządzenia i dodanie płynu wyciekowego w stanie ciekłym. Następnie butelkę owinięto i zamontowano w kamperze w celu ogłuszania przez 18 h. Kombinacja ta nadawała się do picia przez zastosowanie filtra z włókna szklanego, a przefiltrowany płyn zastosowano do badania odcieku. Jeśli uwaga na odciek ASLP jest mniejsza niż określone ilościowo wartości graniczne lub jeśli można ustalić, że jest on normalnego pochodzenia, można uznać, że jest on odpowiedni dla zasobów uszczelniających.

Rozdział 3: Inżynieria środowiskowa i zrównoważony rozwój

Sekwencja Światowych Sesji Inżynierii Ekologicznej i Administracji została rozpoczęta i przygotowana co 2 lata, od 2002 roku, przez Sekcję Inżynierii Ekologicznej i Organizacji Praktycznego College'u "Gheorghe Asachi" w Iasi, wskazując na przyjęcie złożonych globalnych badaczy, badaczy, specjalistów i uczonych, uruchamiających się na arenach inżynierii i organizacji środowiska. Dwie z poprzednich wersji zostały wstępnie uzgodnione na Węgrzech (ICEEM06) i w Austrii (ICEEM07), przy czym sesja ICEEM była prowadzona w całości w języku angielskim. Współorganizatorem 8. wersji ICEEM była jednostka Biotechnologii Ekologicznej Europejskiej Koalicji Biotechnologicznej. ICEEM08 składał się z 8 pełnych dyskusji prowadzonych przez słynne postacie techniczne, 12 podobnych spotkań werbalnych i 10 spotkań obrazkowych, które zgromadziły się na tematach sesji i pozwoliły na komunikację 209 światowych badaczy, badaczy, specjalistów i młodych badaczy z 22 krajów. Ten wyjątkowy temat obejmuje 14 praktyk z pisarzami z pięciu krajów (Francja, Portugalia, Rumunia, Republika Mołdowy, Hiszpania), które przenoszą interdyscyplinarne metody badawcze do kolejnych głównych melodii sesji: intensywna terapia ekologiczna, postępowanie z wodą i ściekami, zanieczyszczenie powietrza, zanieczyszczenie gleby, a także rozwój kompetencji proceduralnych poprzez mieszanie i kwestionowanie nowych zasobów i modelowanie procedur (Carmen Teodosiu, 2017).

Rzeczywisty stan rozwoju w skali globalnej zapewnia szybkie zmiany antropogeniczne, które skomponowane ze zwykłymi przyczyniają się do osłabienia doskonałości komponentów ekologicznych, zmniejszenia zwykłego posiadania, zagrażając w niektórych walizkach ekologiczną symetrią i humanoidalną doskonałością życia. Trudności środowiskowe, na przykład zanieczyszczenie wody, powietrza i gleby, uwolnienia gazów cieplarnianych, redukcja podaży i grupy odpadów, niepotrzebne wykorzystanie ziemi są stopniowo zastraszające głośność ziemi i systemów podtrzymywania życia (Rockstrom i in., 2009; WWF, 2014). Problemy te składają się z trudności społecznych (wysoka bezrobocie, utrata pracy, niezdolność do pracy, podatność społeczności, brak i wzrost głodu, narastające dysproporcje i brak dostępu do nauczania, systemów opieki społecznej, itp.) oraz trudnościami finansowymi (zagrożenie źródłowe, trudne konstrukcje własnościowe, rynki światowe, powtarzające się niespójności monetarne i finansowe w przypadku różnych transakcji oraz cała ostrożność finansowa) tworzą złożone zarysy, okoliczności i testy dla rzeczywistego rozwoju (Banerjee i Duflo, 2011; Sachs, 2015; Jackson, 2009). Testy te mogą być zaawansowane jedynie w sposób zaokrąglony, poprzez wprowadzenie licznych korekt należących do zwykłych dyscyplin, wiedzy o społeczności, inżynierii i organizacji, jak również pomysłów (zrównoważony rozwój, produkcja i spożycie nadające się do konserwacji, okrągły budżet), które mają na celu rozwiązanie trudności związanych z monitorowaniem, odstraszaniem, zmniejszaniem, zmianą lub rozszerzaniem zanieczyszczeń, które powstają w wyniku różnych działań humanoidalnych lub zwykłych (Sauvé i in., 2016). W odpowiedzi na liczne obawy ekologiczne (Brundtland, 1987), Dowództwo Brundtland przygotowało opis zrównoważonego rozwoju jako "ekspansji, która napotyka na wymagania prądu bez współpracy z przyszłymi grupami w celu spełnienia ich własnych wymagań". Od tego czasu w okresie ekspansji utrzymującej się na stałym poziomie z jednej strony zróżnicowano perspektywy pożądanego rozwoju i stabilnie dodano prezentację finansową, ekologiczną i komunalną, a z drugiej strony przeprowadzono testy konfrontacyjne związane z opisem konkretnych wskazówek, mających na celu pokazanie i ilościowe przedstawienie rozwoju zrównoważonego (Geissdoerfer i in., 2017; Juwana i in., 2012; Cailean i Teodosiu, 2016). Dodatkowym testem jest szczegół, że istnieją również "wielkie" trudności w zakresie zrównoważonego rozwoju (takie jak: modyfikacja pogody, dostarczanie energii i usuwanie odpadów), które są uparte i niezwykle odporne na determinację ze względu na ich trudność i udział wielu inwestorów o odmiennych poglądach i korzyściach. W przypadku takich trudności, zazwyczaj najlepsza metoda odzwierciedla wrażenie schematu, w którym wszystkie trzy cechy utrzymującej się ekspansji (finansowe, ekologiczne i społeczne) są rozłożone jednocześnie, na fundamencie serii życia (Azapagic i in., 2016). W celu omówienia problemów zrównoważonego rozwoju i ekspansji w ujęciu ogólnym, pojęcie Budżetu Sferycznego wzrosło w poprzednim okresie dla twórców strategii, ekspertów, przemysłu i społeczeństwa (Reh, 2013; Ashby, 2015; Brennan i in., 2015; Martins, 2016). Metoda ta jest określona w pełnym pakiecie europejskiego budżetu rundy (dyrektywa europejska, 2015 r.) oraz w rozporządzeniu w sprawie prefermentowania budżetu rundy chińskiej (Lieder i Rashid, 2016 r.). Chociaż w liniowej taniej, procedura produkcji jest uważana za jednokierunkowy prąd fizyczny, z rzadkimi zasobami, które są zmieniane ostatnią kreację i wreszcie nadmiar do ponownego wykorzystania, w pojęciu okrągłej taniej, zwrotu i waloryzacji nadmiaru niech zasobów recyklingu z powrotem do kabla źródłowego, w celu ostatecznego oddzielenia rozwoju finansowego od ekologicznych ofiar śmiertelnych (Ghisellini i in., 2016; Geissdoerfer i in., 2017). Praktykanci wyznaczeni dla tych szczególnych zdolności (w wyniku procedury wzajemnej oceny) odpowiadają na niektóre z testów, które są podwyższone przez rzeczywistą ekologiczną intensywną terapię, regulację i prowadzenie trudności z zanieczyszczeniem, jak również na trudności podwyższone przez połączenie i wyzwania związane z nowymi zasobami i recyklingiem odpadów.

Rzeczywiste testy związane z tym segmentem odnoszą się do trudności wynikających z antropogenicznych (produkcja, agronomia, związane z nią obiekty) skażeń i nieodpowiedniego prowadzenia produkcji i odpadów, a także do rozwoju logicznych systemów i zdarzeń, które pozwalają na zauważenie bardzo małej absorpcji zanieczyszczeń (ppm, ppb), nieustannej intensywnej opieki nad etapami zanieczyszczeń poprzez zasoby nowych urządzeń i schematów on-line oraz polityki w zakresie intensywnej opieki nad wodą (Deblonde i in., 2011; Geissen i in., 2015; Behmel i in., 2016).

Dokumentacja i kwantyfikacja rozwijających się zanieczyszczeń w ciekach wodnych i ściekowych; rozwijające się zanieczyszczenia (lub zanieczyszczenia budzące obawy CEC) są nowymi uprawami lub substancjami, pozbawionymi pozycji kontrolnej i których przydatność w sytuacji i kondycji humanoidalnej nie jest całkowicie rozpoznana. Materiały, na przykład: leki i indywidualne uprawy pielęgnacyjne, różne leki, benzotiazole, benzotriazole, polichlorowane naftaleny (PCN), perfluorochemikalia (PFC), czwartorzędowe kompleksy amoniowe (QAC), bisfenol A (BPA), triklosan (TCS), triklokarban (TCC), środki owadobójcze itp. (Lapworth i in., 2012; Tiedeken i in., 2017). Takie kombinacje są również bardzo problematyczne do wyeliminowania przez dochody z konserwatywnych ścieków komunalnych lub produkcyjnych zachowanie ścieków, szczególnie gdy jest wyobrażony powtórne przetwarzanie (Pintilie i in., 2016);

Rozwój nowych i dobrze zorganizowanych procedur mających na celu eliminację ważnych zanieczyszczeń (mineralnych, węglowych lub radionuklidów) z odpadów wodnych lub ściekowych. W należących do tego potencjału stażach, procedury te kompleksowo realizują konserwatywne systemy prowadzenia przez zasoby wzajemnej adsorpcji i fotokatalizy, biosorpcji na różnych rodzajach nadmiaru zasobów;

Ocena efektów ekologicznych dla jednolitych i rozproszonych systemów kanalizacyjnych:

W swoim obiekcie, Dimension of contamination stages of Nnitrosocompounds of well-being lxiety in water applying extreme presentation fluid chromatography-tandem form spectrometry, Kadmi et al. (2017), mierzyli edukację rozwijających się zanieczyszczeń w wodzie, takich jak N-nitrozoaminy, które przyciągają uwagę ze względu na ich mutagenne i onkogenne przynależności w ultra-trace etapach (ng L-1). Kadmi i in. (2017) opracowali nową procedurę kwantyfikacji N-nitrozoamin na przykładach wodnych. Pisarze ustalili, że uprzemysłowiona technika SPE-UHPLC/MS/MS jest niezwykle złożona i dyskryminująca przy tak niskim poziomie uwagi. Egzaminy zostały przeprowadzone w ciągu około 3 minut. Technika ta była praktyczna do badania na rzeczywistych przykładach wody i okazała się odpowiednia do ich badania na przykładach wody powierzchniowej i wodociągowej. Pisarze stwierdzili, że prośba o zastosowanie podanej techniki do badania przykładów we francuskim obszarze Bretanii wykazała, że wyznaczone N-nitrozoaminy zostały wzmocnione tylko w kilku skomponowanych przykładach, na etapach wchłaniania znacznie mniejszych niż te nieruchome przez różne globalne organizacje. W ramach obrony zasad wody pitnej, amon i azotyn są mierzone jako podstawowe składniki, które powinny być sprawdzone dla fundamentów wód gruntowych. W swojej edukacji, jednoczesne odkrycie woltamperometryczne amonu i azotynów z wód podziemnych na zdobionej srebrem elektrodą węglową nanorurce, Baciu i in. (2017) określiło niektóre podejścia dla celów oddzielenia azotynów i amonu, ale potwierdzają one brak informacji o równoczesnym elektrochemicznym odkryciu tych zanieczyszczeń w matrycach wodnych. Pisarze ci posiadają zaawansowane metody elektroanalityczne polegające na zastosowaniu progresywnych metod woltamperometrycznych do równoczesnego i kompleksowego wykrywania anionów amonowych i azotynowych w odpowiedzi wodnej przy użyciu precyzyjnej elektrolitycznie zdobionej elektrolitycznie elektrolitycznej elektrody węglowej z nanorurkami-epoksydami. Zaletą tej nowej elektrody jest to, że eksponuje cenne topografie do określonych badań bez konieczności wzmacniania elektrolitu zapasowego, tworzenia tej elektrody odpowiedniej do odkrywania w polu i wykrywania zastosowań. W zależności od konsekwencji dotyczących prezentacji odkrycia, autorzy objaśnili również procedurę wykazującą nadmierne możliwości w stosunku do zastosowanych wymagań. Orha i in. (2017) zastanawiali się nad głównymi mechanizmami zmiękczonej naturalnej substancji biologicznej, którą są kwasy humusowe, a która oznacza 90% zmiękczonego węgla we wszystkich zwykłych cieczach. Konserwatywne działanie wody pitnej są zazwyczaj w stanie wyeliminować z wody tylko od 20 do 50% materiałów humusowych i zazwyczaj chcą być uzupełnione przez procedury adsorpcji z zastosowaniem głównie sorbentów jako gliny, zeolitów lub węgla wyzwolonego. Ziarnisty węgiel aktywowany jest zwykle stosowany do eliminacji mieszanin, które nie są stale obecne w wodzie przy wysokiej koncentracji uwagi, a także nadaje się do eliminacji zmiękczonych kwasów humusowych. Aby odzyskać swoją postać, Orha i in. (2017) stosuje w praktyce technikę hydrotermiczną wspomaganą mikrofalami dla mieszaniny nowego, pokrytego ziarnistym węglem aktywowanym TiO2 (GAC-TiO2), związku o znacznej zawartości sorpcji progresywnej z lepszą adsorpcją i właściwościami fotokatalitycznymi. Fotokatalityczne działanie tego nowego związku zostało zmierzone w celu pozbawienia i mineralizacji kwasu humusowego (HA) z wody. GAC-TiO2 wykazał samooczyszczający się ruch pod wpływem promieniowania UV do eliminacji kwasu humusowego z wody, co markuje go niezwykłe w powstającej nowej grupy schemat przesiewania w wodzie pitnej wiedzy przewodnictwa. Konserwatywne podejście stosowane do odpustu ścieków zanieczyszczonych metalami ciężkimi, może być klasyczne i wieloaspektowe. Adsorpcja na biomasie pojawiła się jako utalentowana biotechnologia oczyszczająca. W ich szerokim spektrum znajdują się zielone makroalgi z rumuńskiego wybrzeża Morza Czarnego: Physico-chemical description and upcoming viewpoint on their usage as metallic anions bio sorbents, Filote et al. (2017), deliberate green algae, Ulva rigida and Cladophora sericea, in rare and adapted procedures, as bio sorbents for As(III), As(V), Sb(III), Se(IV) and Se(VI) from aqueous explanations. Wysoka uzyskiwalność i krótkie serie żywotności sprawiają, że biomasa glonów jest mierzalnym uzyskiwanym źródłem. W odniesieniu do niewielkiej ceny i chęci uzyskania tych martwych wodorostów, uzyskane ilości biosów były dość znaczne. Edukacja obejmuje opis glonów i ocenę ich biosorpcji możliwej zarówno w normalnych, jak i zmodyfikowanych chemicznie zdarzeniach. W ich badaniach możliwa jest biosorpcja martwej i żywej lepkiej biomasy Arthrobacter w eliminacji Cr(VI): Hlihor et al. (2017) rozważali eliminację chromu z zanieczyszczonych odpadów za pomocą podejścia cielesnego, biochemicznego i elektrochemicznego, które zwykle obejmuje wysoki wysiłek energetyczny i ceny, jednak ustalono, że bio sorbenty mogą być stosowane pozytywnie do eliminacji metali ciężkich i oczyszczania ścieków stosując liczne biomasy (bakterie, algi, odpady agronomiczne lub produkcyjne). Hlihor i in. (2017) wybrali Arthrobacter viscous, nie patogenną bakterię tlenową Gram-dodatnią, jako bio sorbent ze względu na jego wysoką zdolność do bioremediacji. Autorzy ci ustalili, że lepka biomasa A. może być stosowana do zmiany Cr(VI) na Cr(III) w partiach i w sposób ciągły z rozsądnymi konsekwencjami. Możliwość uzyskania, niewielka cena i niewielki wpływ na środowisko naturalne sprawiają, że biomasa ta jest pięknym wyborem w dostarczaniu ścieków zanieczyszczonych chromem. Eliminacja kolorów ze ścieków stała się istotnym problemem ekologicznym, szczególnie w przypadku ścieków z produkcji tkanin i skór. Zostało ujawnione, że adsorpcja z wyzwolonym węglem, jest dobrze zorganizowany wybór do odpustu ścieków barwionych. W swoich badaniach, Tanie sorbenty do eliminacji barwników kwaśnych z odpowiedzi wodnych, Cretescu et al. (2017) zastosowali adsorbenty pochodzące z odnawialnych kapitałów i skontrastowali objętość adsorpcji dwóch rodzajów sorbentów: węgla aktywowanego ze zużytego drewna jabłkowego i gontu krakersowego oraz hydrolizatu keratyny pochodzącego z kaszmiru, dla niektórych barwników kwaśnych o budowie azowej, obecnie stosowanych do dozowania biochemicznego moheru i runa. Pisarze ci osiągają taki rezultat, że deklarowane sorbenty mogą być uzyskiwane z tanich odpadów węglopochodnych i są realne do eliminacji kwaśnych barwników o niskiej masie cząsteczkowej, nawet jeśli nie mogą one zastąpić prezentacji konserwatywnego żywego węgla. Zastosowanie tych sorbentów może przyczynić się do waloryzacji tanich dóbr odnawialnych. W ramach eliminacji nuklidów promieniotwórczych ze ścieków, w ich badaniu, Adsorpcja prezentacji opieki biologicznej ciała stałego nasyconego płynem jonowym w procedurze eliminacji Tl(I) z wodnych odpowiedzi, Lupa i wsp. (2017) zaproponowali technikę usuwania jonów talu (Tl(I)), niezwykle trujące zanieczyszczenia w wodnych odpowiedzi poprzez zastosowanie płynów jonowych.

Pisarze zaproponowali edukację w zakresie rozwoju adsorpcyjnej prezentacji adsorpcji kopolimeru styrenu-12% diwinylobenzenu funkcjonalizowanego zbiorami aminofosfonianów w procedurze eliminacji jonów talu z odpowiedzi wodnych, poprzez jego impregnację płynem jonowym CyphosIL-101 z nową techniką ultrasonizacji. Zastosowanie polimeru nasyconego płynem jonowym jako adsorbentu w procedurze eliminacji nuklidów promieniotwórczych zapewnia zaawansowaną prezentację adsorpcji, ponieważ w tej sytuacji kompensacja płynów jonowych jest wspólna z posiadaniem stałego zapasu. Kontrastując najwyższą objętość adsorpcji uprzemysłowioną przez celowy adsorbent z innymi adsorbentami podanymi w utworach, stwierdzono, że celowe zasoby występują w podobnej prezentacji adsorpcji w procedurze eliminacji jonów Tl(I) z wyjaśnień wodnych. W edukacji Schematy postępowania w ściekach rozproszonych: kompetencje i ich przewidywany skutek w sprzeczności z lokalną pozycją zwykłego zanieczyszczenia wody. Zaharia (2017) w ramach rumuńskiej edukacji okoliczno¶ciowej rozważa kilka konkretnych zestawów danych spowodowanych trzema obja¶nieniami systemów organizacji ¶cieków stosowanych w sytuacji rumuńskiej korporacji biochemicznej zajmuj±cej się paliwem. W niniejszym badaniu zaproponowano trzy planowane sytuacje organizacji kanalizacyjnych, zaakceptowane w czasie przez NE Rumuńską korporację biochemiczną, w których przedstawiono roślinność przewodzącą ścieki (w schemacie centralnym lub rozproszonym), wytrwałość i zagrożenie niektórych pozostałości w ściekach przewodzących odpady roślinne i zwykły receptor wodny, ale także wpływ na środowisko w stosunku do zwykłego, powierzchownego przyległego środowiska wodnego, wywołany przez ostatnie uwolnienia w nim odpadów. Efektywny schemat postępowania rozproszonego jest najbardziej wskazany do pracy na etapie biznesowym w relacji wydajność-koszt, aby potwierdzić prezentację wysokiego poziomu postępowania ze ściekami, wykonalny przegląd, regularne utrzymanie, a także rozwój zasad ułatwiających dokonywanie właściwych wyborów zakładanych w biznesowych WWMS (grupa ścieków, postępowanie i usuwanie lub recykling na miejscu).

Teodosiu i in. (2017), Demonstrating of instable carbon-based mixs attentions in rooms owing to electronic plans, measured the Instable Biological Mixes, VOCs, as significant contaminants in the inside environment since they can main to severe and even long-lasting belongings to the persons spend extended time in closed accommodations where these mechanisms are produced. Charakterystyczne podstawy LZO to zasoby budowlane, sprzęt, aparatura biurowa i zanieczyszczone powietrze zewnętrzne. Problem może stać się gorszy, jeśli weźmiemy pod uwagę, że w celu oszczędzania energii, podatki za przewietrzanie ulegają skróceniu, a co za tym idzie, zwiększa się uwaga na zanieczyszczenia. W instrukcji do oceny doskonałości powietrza wewnętrznego (IAQ) w drobnych miejscach pracy o niskiej radioaktywności z produkcją lotnych związków organicznych z aparatury pracowniczej, Teodosiu i in. (2017) uprzemysłowili obliczeniową dynamikę płynów, prototyp CFD, który pozwala na manipulacyjną uwagę na zanieczyszczenia w całym obszarze. Prototyp ten może być nieformalnym substytutem badań i przewidywać wewnątrz standardów LZO w każdej opinii na temat danego obszaru. Konsekwencje są określone w relacjach między benzaldehydem, etylobenzenem, o-ksylenem, styrenem i toluenem w zarysie uwagi w miejscu pracy. Konsekwencje te wskazują, że zamierzone etapy koncentracji lotnych związków organicznych dzięki aparaturom miejsca pracy są znacznie poniżej ustalonych początkowych norm granicznych.

Popescu et al. (2017), Popescu et al. (2017) dokonali w swoim obiekcie pomiaru zabarwienia gleby i jednoczesnego rozwodnienia zanieczyszczeń biologicznych w glebie metodą elektro kinetyczno-fentonową oraz procedury Fentona w celu remediacji gleby zanieczyszczonej mieszaninami biologicznymi. W celu kontrolowania wpływu zmiennych proceduralnych, takich jak ilość nadtlenku wodoru, wrażliwość i chłonność gleby żeliwnej, przeprowadzono różne badania z zastosowaniem kaolinitu z dodatkiem rodaminy B. Zastosowanie zabarwionych przykładów ułatwiło nieformalną, intensywną pielęgnację reakcji korozyjnych przecinających złoże ziemi. Efektem tej edukacji było przygotowanie założeń związanych z maksymalnym stopniem eliminacji barwnika i efektem wrażliwości gleby na żelazo. We wszystkich walizkach, kwas cytrynowy został uzupełniony w wyjaśnieniach anolitowych i katolitowych w celu rozpuszczenia żelaza jako Fe-kitratu wieloaspektowego i utrzymania pH w sytuacji kwaśnej, preferując, aby reakcje Fentona zachodziły w ziemi. W zależności od tych wstępnych prób, procedura elektro kinetyczno-fentonowa została zastosowana w odniesieniu do całej gleby zanieczyszczonej węglowodorami paliwowymi. Po 15 i 27 dniach postępowania uzyskano jednorodną eliminację zanieczyszczeń, odpowiednio około 54,4% i 58,2% kompetencji w zakresie eliminacji całych węglowodorów paliwowych. W trakcie akumulacji, testy biologiczne Microtox wykazały zmniejszenie rezerwy Vibrio fischeri po przewodnictwie w glebie. Podsumowując, przewodnictwo elektrokinetyczno-fentonowe in situ wydaje się być właściwą metodą remediacji organicznej np. węglowodorów obecnych w zanieczyszczonych glebach. Informacje o instrumentach związanych z elastycznością i kontrolą zanieczyszczeń w glebie są zbyt obszerne, aby mogły być wykorzystane do tworzenia nowych rozwiązań rekultywacyjnych. Niektóre sztuczne barwniki są zanieczyszczeniami gleby ze względu na ich zatrucie dla ludzi i ekologii. Kolory mogą być również stosowane jako znaczniki do badania szlaków zanieczyszczeń od powierzchniowej gleby do warstw wodonośnych. Edukacja w zakresie zachowania się kolorów w glebie może dostarczyć wiarygodnych informacji o ich adsorpcji, elastyczności, trwałości, degradowalności i przeznaczeniu środowiskowym. Edukacja ta może również dostarczyć cennych informacji na temat szlaków zanieczyszczeń w glebie, gdzie barwniki azowe mogą być stosowane jako znaczniki. Smaranda i in. (2017) w ich rzeczy, Adsorpcja zanieczyszczeń na bazie węgla na rumuńskiej ziemi: Subtelność kolumn i przenoszenie, mierzyły zachowanie zanieczyszczeń węglowych i związane z tym procedury (adsorpcja, desorpcja) w zwykłych glebach poprzez edukację badawczą i demonstrację. Głównym celem było zbadanie procedur przenoszenia i przenoszenia zanieczyszczeń, w szczególności adsorpcji-desorpcji kongijskiego czerwonego barwnika azowego na rumuńską glebę badaną z miejskiej części miasta Iasi. Roztocza są bezkręgowcami obecnymi we wszelkiego rodzaju ekologiach i miejscowościach ze względu na ich specjalizacje morfologiczne i organiczne. Na tych ostatnich etapach coraz częściej praktykuje się je jako bio-wskaźniki, ponieważ są one skomplikowane pod względem odżywczym i biologicznym. Ponadto, są one obszerne, obfite i zróżnicowane, mają krótkie serie imitacji i prawie w całości występują w glebie. In the thing Impact assessment of weighty metallic contamination on soil mite societies (Acari: Mesostigmata) from Zlatna Depression - Transylvania, Manu et al. (2017) have assessed the substantial metallic contamination stage of soil from twelve plains in Romania and its effect on soil mite societies. Na dwunastu równinach rozpoznano 66 klas roztoczy Mesostigmata, w tym 961 osób. Każda z badanych użytków zielonych została określona typową budową mieszkańców roztoczy glebowych (odmiana klasowa, rozrost arytmetyczny, klasa wiodąca). Badanie głównych mechanizmów ujawniło, że grupy roztoczy glebowych z najbardziej zanieczyszczonych równin, jak również ze stref położonych w pobliżu podstawy zanieczyszczenia, różniły się od tych mniej zanieczyszczonych, odseparowanych od wieży lejowej. Niziny znajdujące się w pobliżu podstawy zanieczyszczenia zostały uznane za najniższą klasę, w przeciwieństwie do tych bardziej oderwanych od wieży kominowej, gdzie elementy te miały najwyższe standardy. Te topografie pozwalają na wykorzystanie dzikiej zwierzyny roztoczowej jako cennego instrumentu organicznego do oceny ciężkiego wpływu metalicznego zanieczyszczonej ekologii.

Winnice wymagają stosowania upraw na uciążliwość i choroby regulatora, aby zachować wysokie etapy produkcji i godną uznania doskonałość winogron, a tym samym skażenie gleby i powietrza jest nieuniknione. Zanieczyszczenie gleby może być skondensowane zastosowanie aparatury, która zmniejsza ucztowanie materiałów chemicznych do najmniejszej ilości, aby osiągnąć regulator szkodników i chorób. W poprzednich okresach maszyny do rozpraszania zostały wzmocnione odmiennymi planami mającymi na celu zmniejszenie śmiertelności trujących upraw. W celu odkrycia zastosowanych wyjaśnień dotyczących skażenia gleby w winnicach, Diaconu i in. (2017), w swojej edukacji, badania dotyczące zmniejszenia skażenia gleby środkami owadobójczymi w winnicach, osiągnęły badania terenowe z zastosowaniem mechanizmu rozpraszania opracowanego przy użyciu aparatury mającej na celu ponowne przetworzenie nie zarezerwowanego przez schemat dolistny winorośli płynu owadobójczego. Badania osiągnięto dla różnych faz flory w gospodarstwie winiarskim za pomocą aparatury poprawiającej płyn nie zarezerwowany przez osłonę. Coraz większą uwagę poświęca się ekspansji nowych zasobów katalitycznych zależnych od nanocząsteczek metalu, które mają być praktyczne w grupie energii odnawialnej i rozszerzaniu zanieczyszczenia środowiska. W ich pozycji: Połączenie wyraźnych nanocząstek Pt z mierzoną morfologią w obecności nowych rodzajów polimerów termowrażliwych, Vasile et al. (2017) stwierdzili, że fotokatalityczne wytwarzanie wodoru z wody jest głównie nadzieją, pozwalającą na zmianę światła słonecznego prosto w praktyczne energie. W badaniach podkreślono, że mieszanina platynowych nanocząsteczek fasetowanych wykorzystuje nowe rodzaje termoczułych polimerów jako wytyczne konstrukcyjne i klasyfikuje idealne warunki badawcze do optymalnego włączenia morfologii nanocząsteczek Pt. Uprzemysłowione zasoby Pt/TiO2 zostały zweryfikowane za pomocą fotokatalitycznej grupy wodorowej pod wpływem promieniowania słonecznego.

Konsekwencją tego było ustalenie, że wielkość pierwiastka ma wpływ na produkcję wodoru.

Rozdział 4: Symulacja inżynierii środowiska

Demonstracje i replikacje wzorca tlenowego są stosowane w celu udowodnienia możliwych zależności od wymagań użytkowników - podejść do stanowisk oprogramowania matematycznego w instrukcjach i próbach inżynierii zachowawczej. Reprodukcja jest stosowana w celu uzyskania zarysów wrażliwości na tlen, niedoboru tlenu, oprócz szybkości odtleniania i ponownego natleniania w celu oddalenia dla stabilnej prędkości rzeki. Reprodukcje przeprowadzane są dla wielu ładunków biologicznych i temperatur otoczenia (Asher Brenner, 2004).

Wykazano, że zarysy wyjaśnień uzyskane w wyniku arytmetycznego odtworzenia świadczą o tym, że procesy te są bardziej skomplikowane niż standardy opinii przygotowane przez logiczne wyjaśnienie. Zastosowanie dostępnych korespondencji programowych pobudza uczonych do zadawania pytań "co jeśli", do wykonywania edukacji parametrycznej i do badania przez "wykrywanie". Dzięki wielu pomocom przy demonstrowaniu i reprodukcji możemy sobie wyobrazić szybkie upowszechnienie zastosowania reprodukcji w nauczaniu i powtarzaniu inżynierii środowiska, biochemii i biotechnologii.

Dochodzenie i edukacja w bazie danych kładzie nacisk na istotny aspekt prostych procedur chemicznych, fizycznych i biologicznych, które powodują trudności w zakresie inżynierii środowiska i dyscypliny. Strefy specjalizacji badawczej obejmują: fizyczne, biochemiczne i węglowe procedury zmiany doskonałości wody; rozpylacze i zanieczyszczenia powietrza demonstrujące i regulujące; chemię wody; przenoszenie i przeznaczenie zanieczyszczeń w wodzie, powietrzu i glebie; postępowanie z odpadami stałymi i zasobami niebezpiecznymi; procedury rozdzielania membran; bioremediację zanieczyszczonej gleby i wód gruntowych i inne. O opłaty do Bazy Danych M.Sc. w Inżynierii Ochronnej mogą ubiegać się osoby posiadające wiedzę z zakresu inżynierii lub dziedzin pokrewnych, takich jak chemia, geologia, biologia lub nauki ekologiczne. Stopień magistra jest tak zorganizowany, aby zapewnić kompleksową bazę danych z zakresu inżynierii ekologicznej w celu umożliwienia elastyczności w zakresie zastosowań produkcyjnych, praktycznych lub badawczych. Odpowiednie sekwencje są obowiązkowe dla uczonych, którzy nie mają zajęć z inżynierii. Pakiet równoważący jest przeznaczony na osobnej podstawie, aby sprostać wymaganiom i korzyściom każdego ucznia. Absolwenci kierunków inżynierskich powinni poszerzyć kilka sekwencji, nadając im dokładne poszlaki.

Wiedza komputerowa jest energetycznym, pouczającym warunkiem wstępnym we wszystkich pododdziałach inżynieryjnych Ben-Gurion College. Początki komputerów w poprzednich okresach doprowadziły do zastosowania progresywnego podejścia do nauczania i powtarzania metod inżynierii środowiska w zależności od komputera (Argentyna, 2004). Komputery są wpływowymi planami, które zostały zastosowane w wielu procedurach w celu zebrania, dostarczenia, procedury i zbadania informacji. Ogromna różnorodność celów, które mogą być obsługiwane w sposób sprawiedliwy i profesjonalny, uzupełniła komputer o najlepiej dopasowany instrument do powielania i badania prostych pojedynczości i głębokich, dokładnych reprezentacji. Świadomość wspólnotowa i konstytucyjna w zakresie trudności związanych z zanieczyszczeniem środowiska naturalnego przyczyniły się również do uznania, że przełącznik przewagi środowiskowej zasługuje na takie same mechanizmy jak te, które działają w produkcji. Poważne wartości wyższości powietrza i wody wymagają zastosowania progresywnego podejścia projektowego i kulturalnych programów komputerowych do monitorowania on-line, badania i regulowania prezentacji procedur. Naukowe pokazy i symulacje, które zawierają naukowe powtórzenie lub przedstawienie procedury, są podejściami progresywnymi, które stały się powszechne w nowych latach. Są one stosowane w projekcie procedur postępowania oraz do oceny przenoszenia i zmiany osobliwości wielu zanieczyszczeń w zwykłych środowiskach, takich jak powietrze, rzeki i wody gruntowe (Spanou i Chen, 2000). Mogą one również pomóc jako wpływowe aparaty klasy w programach inżynierii środowiska w przypadku trudności, które mają wiele etapów trudności. Wiedza przez rozmnażanie jest bardzo realna, ponieważ naukowcy mają przypadkowo tylko przetestować posiadanie wielu komponentów na zwykłych i wykonanych przez człowieka procedurach. Rozmnażanie może również rozprzestrzeniać się i poprawiać skromne trudności, pozwalając naukowcom na wypróbowanie wielu sytuacji i zrozumienie ich znaczenia. W nowych latach pojawiło się kilka programów imitacji i badań informacyjnych, takich jak ASIM (Gujer i Larsen, 1995) czy AQUASIM (Reichert, 1995), które powstały w oparciu o obszerne instrukcje i powtórzenia z zakresu inżynierii środowiska. Zestaw POLIMATY ze względu na swoją łatwość i zdolność adaptacji może być pomocny jako wstępny instrument instruktażowy (w równym stopniu w klasie wolnej), inspirując do dodatkowej edukacji, praktyki i poszerzania bardziej zaawansowanych planów komputerowych w inżynierii środowiska i aren połączonych.

POLIMATYKA jest zrozumiałym matematycznym zestawem obliczeniowym, który został dokładnie ukształtowany przez inżynierów do zastosowań instruktażowych lub specjalistycznych. Liczne plany POLIMATYCZNE pozwalają operatorowi na rozprzestrzenienie się na rzeczywiste metody badań arytmetycznych podczas wspólnego rozwiązywania problemów na poszczególnych komputerach. Rodzaje trudności, które mogą być rozwiązane za pomocą licznych planów POLIMATYCZNYCH obejmują liniowe i nieliniowe schematy równań algebraicznych, obliczenia różnic normalnych i ograniczonych, obliczenia algebraiczne różnicowe oraz liczne liniowe, wielomianowe i nieliniowe odwroty. Kompensacją POLIMATY dla nauczania akademickiego jest otwartość operatora, krótka krzywa wiedzy i to, że potrzebuje on tylko nominalnej ingerencji operatora w praktyczne szczegóły procedury odpowiedzi. Niektóre pojedyncze topografie POLITYMATY zostaną wskazane w odniesieniu do przypadków zaproponowanych w następnym rozdziale. POLIMATĘ połączono w liczne podkłady, takie jak model Foglera (1999) "Fundamentals of Biochemical Response Engineering" oraz model Kyle'a (1999) "Biochemical and Procedure Thermodynamics". W tych podręcznikach, wyjaśnienia wielu przypadków są oferowane jako prosta kopia wkładu i poziomu POLITYKI oraz pliki graficzne z konsekwencjami. Został on szczegółowo zweryfikowany i skontrastowany z dodatkowym oprogramowaniem uzyskiwanym do arytmetycznego rozwiązywania problemów na studiach inżynierskich (Shacham i Cutlip, 1999). Wnioskiem z tej oceny było to, że aby umożliwić inżynierom i pracującym inżynierom rozwiązywanie problemów w sposób najbardziej kompetentny, powinni oni zapoznać się z licznymi korespondencjami programowymi. Wczesny trudny układ i naprawa mogą być zatwierdzone, najbardziej profesjonalnie, za pomocą POLIMATY, podczas gdy dodatkowe fazy monotonnych, składowych wyjaśnień parametrycznych oraz tabelarycznego i graficznego momentu wystąpienia konsekwencji dokonywane są za pomocą pakietu arkusza kalkulacyjnego (np. Excel2) lub zestawu oprogramowania dbającego o projektowanie oprogramowania (np. MATLAB3). Najnowsza forma POLYMATH przygotowuje mimowolne przeniesienie do Excela oraz Excel Add-In do rozwiązywania obliczeń różnic normalnych. Reprezentacje POLYMATH można przywrócić do celów programu MATLAB stosując kilka skromnych instrukcji (Shacham i Cutlip, 2004). Dlatego też, dodając do swojej wartości jako arytmetyczny instrument rozwiązywania problemów POLIMATH pozwala również na skumulowanie stopnia złożoności, w którym stosowane są bazy danych i zmniejsza zastosowanie języków projektowania oprogramowania do rozwiązywania problemów inżynierskich.

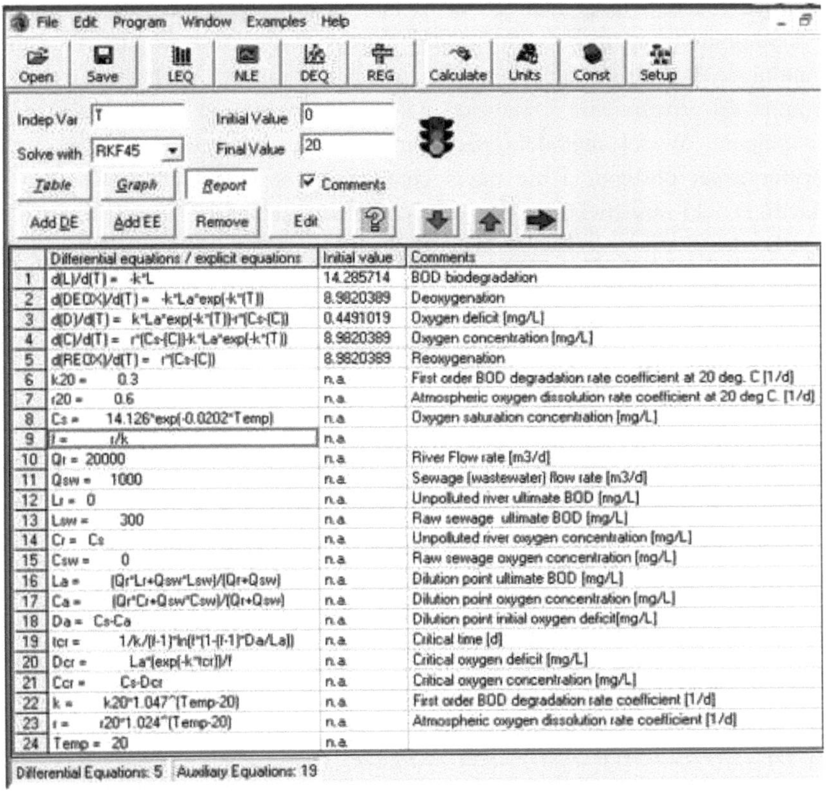

File Edit Program Window Examples Help

Open | Save | LEQ | NLE | DEQ | REG | Calculate | Units | Const | Setup

Indep Var: T — Initial Value: 0

Solve with: RKF45 — Final Value: 20

Table | Graph | Report | Comments

Add DE | Add EE | Remove | Edit

	Differential equations / explicit equations	Initial value	Comments
1	d(L)/d(T) = -k*L	14.285714	BOD biodegradation
2	d(DEOX)/d(T) = -k*La*exp(-k*(T))	8.9820389	Deoxygenation
3	d(D)/d(T) = k*La*exp(-k*(T))-r*(Cs-(C))	0.4491019	Oxygen deficit [mg/L]
4	d(C)/d(T) = r*(Cs-(C))-k*La*exp(-k*(T))	8.9820389	Oxygen concentration [mg/L]
5	d(REOX)/d(T) = r*(Cs-(C))	8.9820389	Reoxygenation
6	k20 = 0.3	n.a.	First order BOD degradation rate coefficient at 20 deg. C [1/d]
7	r20 = 0.6	n.a.	Atmospheric oxygen dissolution rate coefficient at 20 deg C. [1/d]
8	Cs = 14.126*exp(-0.0202*Temp)	n.a.	Oxygen saturation concentration [mg/L]
9	f = r/k	n.a.	
10	Qr = 20000	n.a.	River Flow rate [m3/d]
11	Qsw = 1000	n.a.	Sewage (wastewater) flow rate [m3/d]
12	Lr = 0	n.a.	Unpolluted river ultimate BOD [mg/L]
13	Lsw = 300	n.a.	Raw sewage ultimate BOD [mg/L]
14	Cr = Cs	n.a.	Unpolluted river oxygen concentration [mg/L]
15	Csw = 0	n.a.	Raw sewage oxygen concentration [mg/L]
16	La = (Qr*Lr+Qsw*Lsw)/(Qr+Qsw)	n.a.	Dilution point ultimate BOD [mg/L]
17	Ca = (Qr*Cr+Qsw*Csw)/(Qr+Qsw)	n.a.	Dilution point oxygen concentration [mg/L]
18	Da = Cs-Ca	n.a.	Dilution point initial oxygen deficit[mg/L]
19	tcr = 1/k/(f-1)*ln(f*(1-(f-1)*Da/La))	n.a.	Critical time [d]
20	Dcr = La*(exp(-k*tcr))/f	n.a.	Critical oxygen deficit [mg/L]
21	Ccr = Cs-Dcr	n.a.	Critical oxygen concentration [mg/L]
22	k = k20*1.047^(Temp-20)	n.a.	First order BOD degradation rate coefficient [1/d]
23	r = r20*1.024^(Temp-20)	n.a.	Atmospheric oxygen dissolution rate coefficient [1/d]
24	Temp = 20	n.a.	

Differential Equations: 5 | Auxiliary Equations: 19

Rys. 16. Ekran wprowadzania POLIMATU dla modelu tlenowego SAG.

Wykazano, że zastosowanie skromnego arytmetycznego instrumentu obliczeniowego do demonstrowania i powielania może być bardzo pomocne w instrukcjach i powtórzeniach inżynierii środowiska. Może on dostarczyć zarysy wielu zmiennych zmieniających się z czasem w jego miejsce standardów opinii tych samych elastycznych często uzyskiwanych przez logiczne wyjaśnienie. Prześwietlony zarys w znacznym stopniu przyczynia się do współczucia dla skomplikowanych procedur. Zastosowanie reprodukcji inspiruje uczonych do zadawania pytań "co jeśli" (np. co jest wynikiem wagi biologicznej i/lub temperatury) oraz do edukacji w zakresie transportu składników (zmiana uwagi na tlen, niedobór tlenu i chemiczne zapotrzebowanie na tlen z czasem lub z dystansem) ze względu na szybkość i prostolinijność, z której mogą pochodzić odpowiedzi na te pytania. Dlatego też rozmnażanie pozwala na edukację poprzez "wykrywanie" w miejsce metod wiedzy starego stylu, które są znacznie mniej stymulujące. Istotne jest jednak, że zastosowana komputerowa baza danych jest skromna do zrozumienia i zastosowania, a konsekwencje są nieformalne do zrozumienia. W tej metodzie określenie wiedzy koncentruje się na treści merytorycznej postępu, a nie na mechanicznych szczegółach zastosowanego pakietu. Dzięki zarysowi dostępnych arytmetycznych planów reprodukcji (takich jak POLIMATYKA) z krótką krzywą wiedzy i tylko nieznaczną ingerencją operatora w praktyczne szczegóły procedury wyjaśnień, możemy sobie wyobrazić szybki zarys i rzeczywistą praktykę reprodukcji w nauczaniu i powtarzaniu technik ochrony środowiska, biochemii i biotechnologii.

Referencje

Abdollahi, Y. , Zakaria, A. , Abbasiyannejad, M. , Masoumi, H. R. F. , Moghaddam, M. G. , Matori, K. A. , et al. (2013). Artificial neural network modeling of p-cresol pho- todegradation. Chemistry Central Journal, 7 (1), 96 .

Adamowski, J. , & Chan, H. F. (2011). Faleletowy model połączenia sieci neuronowej do prognozowania poziomu wód podziemnych. Journal of Hydrology, 407 (1-4), 28-40 .

Adams, C. D. , Cozzens, R. A. , & Kim, B. J. (1997). Effects of ozonation on the biodegradability of substituted phenols. Water Research, 31 (10), 2655-2663 .

Agrawal, P. K. , Shrivastava, R. , & Verma, J. (2019). Bioremediacyjne podejście do degradacji i detoksykacji wielopierścieniowych węglowodorów aromatycznych. In Emerging and eco-friendly approaches for waste management (pp. 99-119). Springer .

Aguilar, C. M. , Rodríguez, J. L. , Chairez, I. , Tiznado, H. , & Poznyak, T. (2017). Degradacja naftowo-talenowa poprzez katalityczne ozonowanie na bazie tlenku niklu: Badanie etanolu jako rozpuszczalnika. Environmental Science and Pollution Research, 24 (33), 25550-25560 .

Amani-Ghadim, A. , & Dorraji, M. S. (2015). Modelowanie procesu fotokatalitycznego na syntetyzowanych nanocząstkach ZnO: Opracowanie modelu kinetycznego i sztucznych sieci neuronowych. Zastosowana kataliza B: Środowiskowa, 163 , 539-546 .

Anderson, J. A. (2006). McCulloch-Pitts Neurony . Biblioteka Wiley Online . Antwi, P. , Li, J. , Meng, J. , Deng, K. , Quashie, F. K. , Li, J. , et al. (2018). Feedforward neural network model estimating pollution removal process within mesophilic upflow anaerobic slad blanket bioreactor treating industrial starch processing wastewater. Technologia bioreaktorów, 257 , 102-112 .

Aoyama, A. , & Venkatasubramanian, V. (1995). Internal model control framework using neural networks for the modeling and control of a bioreactor. Engineering Applications of Artificial Intelligence, 8 (6), 689-701 .

Arabi, E. , Gruenwald, B. C. , Yucelen, T. , & Nguyen, N. T. (2018). Referencyjny model referencyjny adaptacyjnej architektury sterowania dla odrzucenia zaburzeń i tłumienia niepewności ze ścisłymi gwarancjami skuteczności działania. International Journal of Control, 91 (5), 1195-1208 .

Arpornwichanop, A. , & Shomchoam, N. (2009). Control of fed-batch bioreactors by a hybrid on-line optimal control strategy and neural network estimator. Neuro- computing, 72 (10-12), 2297-2302 .

Baker, B., Gupta, O., Naik, N., & Raskar, R. (2016). Projektowanie archi- tektów sieci neuronowej z wykorzystaniem nauki wzmacniania. arXiv preprint arXiv: 1611.02167 .

Bakshi, B. R. , & Stephanopoulos, G. (1993). Wave-net: Hierarchiczna, wielorozdzielcza sieć neuronowa z lokalną edukacją. AIChE Journal, 39 (1), 57-81 .

Basheer, I. A. , & Hajmeer, M. (20 0 0). Sztuczne sieci neuronowe: Podstawy, com- puting, projektowanie, i zastosowanie. Journal of microbiological methods, 43 (1), 3-31 .

Bastin, G. (2013). On-line estimation and adapttive control of bioreactors : 1. Elsevier .

Behler, J. (2015). Konstruowanie wysokowymiarowych potencjałów sieci neuronowych: Rewizja tuto- rialu. International Journal of Quantum Chemistry, 115 (16), 1032-1050 .

Beltrán, F. , García-Araya, J. , Rivas, F. , Alvarez, P. , & Rodríguez, E. (20 0 0). Kinetyka konkurencyjnej ozonacji niektórych związków fenolowych obecnych w ściekach z przemysłu przetwórstwa spożywczego. Ozon, 22 (2), 167-183 .

Beltrán, F. J. , González, M. , Ribas, F. J. , & Alvarez, P. (1998). Odczynnik Fentonowy do zaawansowanego utleniania wielopierścieniowych węglowodorów aromatycznych w wodzie. Water Air Soil Pollu- tion, 105 (3-4), 685-700 .

Bengio, Y. , Goodfellow, I. J. , & Courville, A. (2015). Głębokie uczenie się. Natura, 521 (7553), 436-4 4 . Inżynieria środowiskowa. Strona internetowa: https://en.wikipedia.org/wiki/Environmental_engineering.

"Kariera w inżynierii środowiskowej i nauce o środowisku". American Academy of Environmental Engineers & Scientists. Odzyskane w latach 2019-03-23.

Skocz do:a b c "Zawodów Architektonicznych i Inżynierskich". Podręcznik dotyczący perspektyw zawodowych. Bureau of Labor Statistics. 20 lutego 2019 roku. Odzyskane 23 marca 2019 r.

Beychok, Milton R. (1967). Aqueous Wastes from Petroleum and Petrochemical Plants (1st ed.). John Wiley & Sons. LCCN 67019834.

Tchobanoglous, G.; Burton, F.L. & Stensel, H.D. (2003). Wastewater Engineering (Treatment Disposal Reuse) / Metcalf & Eddy, Inc (4th ed.). McGraw-Hill Book Company. ISBN 978-0-07-041878-3.

Turner, D.B. (1994). Workbook of atmospheric dispersion estimates: an introduction to dispersion modeling (2nd ed.). CRC Press. ISBN 978-1-56670-023-8.

Beychok, M.R. (2005). Fundamentals Of Stack Gas Dispersion (4th ed.). autor-published. ISBN 978-0-9644588-0-2.

Centrum Informacji o Karierze. Agrobiznes, środowisko i zasoby naturalne (9. edycja). Macmillan Reference. 2007.

"Uzyskać Certyfikat Zarządu w zakresie inżynierii środowiska". American Academy of Environmental Engineers & Scienteists. Odzyskane w latach 2019-03-23.

"NCEES PE Informacje o egzaminie środowiskowym". NCEES. NCEES. Odzyskane w latach 2019-03-23.

"Profesjonalne instytucje inżynieryjne". Rada Inżynieryjna. Odzyskane w latach 2019-03-23.

Skocz do Masona, Matthew. "Inżynieria środowiskowa. Why It's Vital for Our Future". Nauka o środowisku. Odzyskane 2019-03-23.

Jansen, M. (październik 1989). "Water Supply and Sewage Disposal at Mohenjo-Daro". Archeologia światowa. 21 (2): 177-192. doi:10.1080/00438243.1989.9980100. JSTOR 124907. PMID 16470995.

Angelakis, Andreas N.; Rose, Joan B. (2014). "Rozdział 2: "Technologie sanitarne i ściekowe w cywilizacji doliny Harappa/Indus (ok. 2600-1900 p.n.e.)". Evolution of Sanitation and Wastewater Technologies through the Centuries. IWA Publishing. s. 25-40. ISBN 9781780404851.

"Finansowanie - inżynieria środowiska". US National Science Foundation. Odzyskane w latach 2013-07-01.

"Infekcje wodopochodne". Encyklopedia.com. Odzyskane 2019-03-23.

Radniecki, Tyler. "Co to jest inżynieria środowiskowa?" Wyższa Szkoła Inżynieryjna. Uniwersytet Stanowy w Oregonie. Odzyskane 2019-03-23.

Masters, Gilbert (2008). Wprowadzenie do inżynierii środowiska i nauki. Upper Saddle River, N.J.: Prentice Hall. ISBN 978-0-13-148193-0.

Sims, J. (2003). Osad czynny, Encyklopedia Środowiska. Detroit.

McGraw-Hill Encyklopedia Nauk i Inżynierii Środowiska (3rd ed.). McGraw-Hill, Inc. 1993.

Davis, M. L. i D. A. Cornwell, (2006) Introduction to environmental engineering (4th ed.) McGraw-Hill ISBN 978-0072424119.

Wprowadzenie do inżynierii środowiska i nauki. GM Masters, WP Ela - 1991 - people.bu.edu

Wprowadzenie do inżynierii środowiska. ML Davis, A David - 2008-entrospace.nilebasin.org. https://hdl.handle.net/20.500.12351/421.

Wprowadzenie do inżynierii środowiska. A Salic, B Zelic - Physical Sciences Reviews, 2018 - adsabs.harvard.edu.

Wprowadzenie do inżynierii środowiska. A Salic, B Zelic - Physical Sciences Reviews, 2018 - adsabs.harvard.edu.

Inżynieria środowiskowa. AA FIELD - Mechanical Engineer's Reference Book, 1973 - Elsevier. https://doi.org/10.1016/B978-0-408-00083-3.50037-0. Książka referencyjna inżyniera mechanika. 1973 r., strony 15-24-15-83.

GIVONI, B., Man Climate & Architecture, Elsevier (1969)

FANGER, P. O., Thermal Comfort, Danish Technical Press (1970)

ASHRAE Handbook of Fundamentals

MISSENARD, F. A., Radiant Heating and Cooling, Eyrolles (1959).

RECKNAGEL-SPENGER, paperback do ogrzewania, wentylacji i klimatyzacji, Oldenbourg (1970)

BASNETT, P., "Ogrzewanie pomieszczeń za pomocą paneli średniotemperaturowych", Jour. IHVE, 36, 120 (1968)

CHRENKO, F. A., "Podgrzewane sufity i komfort", Jour. IHVE. 20, 375 (1953)

RiLEY, J. M., "The development of the cast iron sectional boiler", Jour. IHVE, 38, 160 (1970)

KELL, J. R. i MARTIN, P. L., The Nuffield College Heat pump', Jour. IHVE, 30, 333 (1963)

Brightside Chimney Design Manual, Technitrade Journals Ltd., 2nd ed (1970)

Fotokatalityczne zastosowania Mikro- i Nano-TiO2 w inżynierii środowiska. S Kwon, M Fan, AT Cooper, H Yang - Recenzje w dziedzinie ochrony środowiska, 2008 - Taylor & Francis.

Inżynieria środowiskowa: Stopniowa piroliza odpadów z tworzyw sztucznych. Autor łączy otwarty panelnakładkowy H.BockhornJ.HentschelA.HornungU.Hornung. Inżynieria chemiczna. Tom 54, numery 15-16, lipiec 1999, str. 3043-3051. https://doi.org/10.1016/S0009-2509(98)00385-6.

Planowanie środowiskowe i podejmowanie decyzji. L Ortolano - 1984 - osti.gov.

Rozwiązywanie problemów w inżynierii środowiska i geonaukach za pomocą sztucznych sieci neuronowych. FU Dowla, FJ Dowla, LL Rogers, LL Rogers - 1995 - books.google.com.

Podręcznik inżynierów ochrony środowiska. DHF Liu, BG Liptak - 1997 - taylorfrancis.com. https://doi.org/10.1201/9780367805333

Metoda podziału na strefy geologiczno-inżynierskiego środowiska górniczego z uwzględnieniem stopnia wpływu działalności górniczej na fitosanitarny poziom wodonośny. Journal of Hydrology, Volume 578, November 2019, Article 124020. Shiliang Liu, Wenping Li, Wei Qiao, Xiaoqin Li, Jianghui He.

Artykuł przeglądowy, Badanie zastosowania sztucznych sieci neuronowych do identyfikacji i kontroli w inżynierii środowiska: Biologiczne i chemiczne systemy o niepewnych modelach. Coroczny przegląd w kontroli, w prasie, poprawiony dowód, dostępny online 16 sierpnia 2019. Alexander Poznyak, Isaac Chairez, Tatyana Poznyak. https://doi.org/10.1016/j.arcontrol.2019.07.003.

Benitez, F. J., Real, F. J., Acero, J. L., Garcia, J., & Sanchez, M. (2003). Kinetics of the ozonation and aerobic biodegradation of wine vinasses in discontinuous and continuous processes. Journal of Hazardous Materials, 101(2), 203-218.

Boczkaj, G., Fernandes, A., & Makos, P. (2017). Study of different advanced oxidation processes for wastewater treatment from petroleum bitumen production at basic ph. Industrial & Engineering Chemistry Research, 56(31), 8806-8814.

Boyce, J. M., Havill, N. L., Otter, J. A., McDonald, L. C., Adams, N. M., Cooper, T., et al. (2008). Impact of hydrogen peroxide vapor room decontamination on clostridium difficile environment contamination and transmission in a healthcare setting. Infection Control & Hospital Epidemiology, 29(8), 723-729.

Bradbury, J., Merity, S., Xiong, C., & Socher, R. (2016). Quasi-prądowe sieci neuronowe. arXiv:1611.01576.

Brillas, E., & Martínez-Huitle, C. A. (2015). Decontamination of wastewaters containing synthetic organic dyes by electrochemical methods. Uaktualniony przegląd. Applied Catalysis B, 166, 603-643.

Brindha, R., Muthuselvam, P., Senthilkumar, S., & Rajaguru, P. (2018). Fe0 katalizowany proces fotofentonowy do detoksykacji biodegradowanych produktów zaprawy barwnikowej azowej 10. Chemosfera, 201, 77-95.

Buice, M. A., & Chow, C. C. (2013). Dynamic finite size effects in spiking neural networks. PLoS Computational Biology, 9(1), e1002872.

Burello, E., & Rothenberg, G. (2006). In silico design in homogeneous catalysis using descriptor modeling. International Journal of Molecular Sciences, 7(9), 375-404.

Bystrov, V., Piccirillo, C., Tobaldi, D., Castro, P., Coutinho, J., Kopyl, S., et al. (2016). Oxygen vacancies, the optical band gap (eg) and photocatalysis of hydroxyapatite: comparing modeling with measured data. Applied Catalysis B, 196, 100-107.

Cabrera, A., Poznyak, A., Poznyak, T., & Aranda, J. (2002). Identification of a fed- batch fermentation process: Porównanie eksperymentów obliczeniowych i laboratoryjnych. Bioprocess and Biosystems Engineering, 24(5), 319-327.

Camel, V., & Bermond, A. (1998). Zastosowanie ozonu i związanych z nim procesów utleniania w uzdatnianiu wody pitnej. Water Research, 32(11), 3208-3222.

de Canete, J. F., del Saz-Orozco, P., Baratti, R., Mulas, M., Ruano, A., & Garcia-Cerezo, A. (2016). Soft-sensingowa ocena stężenia ścieków w biologicznej oczyszczalni ścieków przy użyciu optymalnej sieci neuronowej. Expert Systems with Applications, 63, 8-19.

Cao, W., Wang, X., Ming, Z., & Gao, J. (2018). Recenzja o sieciach neuronowych z przypadkowymi wagami. Neurocomputing, 275, 278-287.

Carrillo-Nieves, D., Alanís, M.J.R., de la Cruz Quiroz, R., Ruiz, H.A., Iqbal, H.M., & Parra-Saldívar, R. (2019). Current status and future trends of bioethanol production from agro-industrial wastes in mexico. Renewable and Sustainable Energy Reviews, 102, 63-74.

Cerniglia, C. E. (1993). Biodegradacja wielopierścieniowych węglowodorów aromatycznych. Current Opinion in Biotechnology, 4(3), 331-338.

Chandar, S., Khapra, M. M., Larochelle, H., & Ravindran, B. (2016). Korelacyjne sieci neuronowe. Obliczenia neuronowe, 28(2), 257-285.

Chandrasekaran, M., Muralidhar, M., Krishna, C. M., & Dixit, U. (2010). Application of soft computing techniques in machining performance prediction and optimization: a literature review. The International Journal of Advanced Manufacturing Technology, 46(5-8), 445-464.

Chávez, A., Gimeno, O., Rey, A., Pliego, G., Oropesa, A., & Álvarez, P. (2019). Oczyszczanie silnie zanieczyszczonych ścieków przemysłowych za pomocą sekwencyjnego tlenowego utleniania biologicznego aopsa na bazie ozonu. Chemical Engineering Journal, 361, 89-98.

Chen, F.-C. (1990). Sieci neuronowe z propagacją wsteczną do nieliniowej samostrajającej się kontroli adaptacyjnej. IEEE Control Systems Magazine, 10(3), 44-48.

Cheng, J. (2017). Biomasa do procesów energii odnawialnej. Prasa CRC.

Cheng, L., Liu, W., Hou, Z.-G., Yu, J., & Tan, M. (2015). Neuronosieciowy, nieliniowy model sterowania predykcyjnego siłowników piezoelektrycznych. IEEE Transactions on Industrial Electronics, 62(12), 7717-7727.

Çinar, Ö., Hasar, H., & Kinaci, C. (2006). Modelowanie zanurzonego bioreaktora membranowego oczyszczającego ścieki z serwatki serowej za pomocą sztucznej sieci neuronowej. Journal of Biotechnology, 123(2), 204-209.

Ciresan, D. C., Meier, U., Masci, J., Gambardella, L. M., & Schmidhuber, J. (2011). Elastyczne, wysokiej jakości konwolucyjne sieci neuronowe do klasyfikacji obrazów. Dwudziesta druga międzynarodowa wspólna konferencja poświęcona sztucznej inteligencji.

Cong, Q., & Yu, W. (2018). Zintegrowany czujnik miękki z falową siecią neuronową i fuzją adaptacyjną ważoną w celu oszacowania jakości wody w procesie oczyszczania ścieków. Pomiar, 124, 436-446.

Cunha, D. L., de Araujo, F. G., & Marques, M. (2016). Photolysis and heterogeneous photocatalysis for removal of emerging pollutants from water. Linnaeus Eco-Tech. 187–187

Daghrir, R., Drogui, P., & Robert, D. (2013). Modified TiO2 for environmental photocatalytic applications: a review. Industrial & Engineering Chemistry Research, 52(10), 3581-3599.

De Nevers, N. (2010). Air pollution control engineering. Prasa falista. Deng, L., Yu, D., et al. (2014). Deep learning: methods and applications. Fundations and Trends® in Signal Processing, 7(3-4), 197-387.

Do Nascimento, C. A., Oliveros, E., & Braun, A. M. (1994). Modelowanie sieci neuronowych dla procesów fotochemicznych. Chemical Engineering and Processing, 33(5), 319-324.

Dochain, D., Babary, J.-P., & Tali-Maamar, N. (1992). Modelowanie i adaptacyjne sterowanie bioreaktorami o nieliniowych parametrach rozproszonych poprzez ortogonalną kolokację. Automatica, 28(5), 873-883.

Dowla, F. U., & Rogers, L. L. (1995). Solving problems in environmental engineering and geosciences with artificial neural networks. Mit Press

. Droste, R. L., & Gehr, R. L. (2018). Theory and practice of water and wastewater treatment. John Wiley & Sons.

Elman, J. L. (1993). Uczenie się i rozwój w sieciach neuronowych: Znaczenie rozpoczynania małych. Cognition, 48(1), 71-99.

Etacheri, V., Di Valentin, C., Schneider, J., Bahnemann, D., & Pillai, S. C. (2015). Widoczna aktywacja światła fotokatalizatorów TiO2: Postępy w teorii i eksperymentach. Journal of Photochemistry and Photobiology C., 25, 1-29.

Fagan, R., McCormack, D. E., Dionysiou, D. D., & Pillai, S. C. (2016). A review of solar and visible light active TiO2 photocatalysis for treating bacteria, cyanotoxins and contaminants of emerging concern. Materials Science in Semiconductor Processing, 42, 2-14.

Fatta-Kassinos, D., Vasquez, M., & Kümmerer, K. (2011). Transformacja produktów farmaceutycznych w wodach powierzchniowych i ściekach powstających podczas fotolizy i zaawansowanych procesów utleniania - degradacja, wyjaśnianie produktów ubocznych i ocena ich potencji biologicznej. Chemosfera, 85(5), 693- 709.

Fuchs, G., Boll, M., & Heider, J. (2011). Microbial degradation of aromatic compoundsâfrom one strategy to four. Nature Reviews Microbiology, 9(11), 803.

Gadhe, A., Sonawane, S. S., & Varma, M. N. (2015). Enhanced biohydrogen production from dark fermentation of complex dairy wastewater by sonolysis. International Journal of Hydrogen Energy, 40(32), 9942-9951.

Gao, J., & You, F. (2015). Optymalne projektowanie i obsługa sieci łańcucha dostaw w zakresie gospodarki wodnej przy wydobyciu gazu łupkowego: Model Milfp i algorytmy dla nexusa wodno-energetycznego. AIChE Journal, 61(4), 1184-1208.

Garcia-Becerra, F. Y., & Ortiz, I. (2018). Biodegradacja powstających organicznych mikrozanieczyszczeń w niekonwencjonalnym biologicznym oczyszczaniu ścieków: Przegląd krytyczny. Environmental Engineering Science, 35(10), 1012-1036.

Gershenson, C. (2003). Sztuczne sieci neuronowe dla początkujących. arXiv preprint arXiv:cs/0308031.

Ghosh, S., Dairkee, U. K., Chowdhury, R., & Bhattacharya, P. (2017). Wodór z odpadów z przetwórstwa spożywczego poprzez fotofermentację z wykorzystaniem fioletowych bakterii bezsiarkowych (PNSB) - przegląd. Energy Conversion and Management, 141, 299-314.

GilPavas, E., Dobrosz-Gómez, I., & Gómez-García, M. Á. (2018). Optymalizacja sekwencyjnej koagulacji chemicznej - proces elektroutleniania do oczyszczania przemysłowych ścieków tekstylnych. Journal of water process engineering, 22, 73-79.

Giwa, A., Daer, S., Ahmed, I., Marpu, P., & Hasan, S. (2016). Experimental investigation and artificial neural networks ANNs modeling of electrically-enhanced membrane bioreactor for wastewater treatment. Journal of Water Process Engineering, 11, 88-97.

Glorot, X., & Bengio, Y. (2010). Understanding the difficulty of training deep feedforward neural networks. In Proceedings of the thirteenth international conference on artificial intelligence and statistics (pp. 249-256).

Goi, A., & Trapido, M. (2004). Degradacja wielopierścieniowych węglowodorów aromatycznych w glebie: Odczynnik Fentona kontra ozonowanie. Environmental Technology, 25(2), 155-164.

Goodwin, G. C., & Mayne, D. Q. (1987). A parameter estimation perspective of continuous time model reference adapttive control. Automatica, 23(1), 57-70.

Govindaraju, R. S., & Rao, A. R. (2013). Sztuczne sieci neuronowe w hydrologii: 36. Springer Science & Business Media.

Grymonpre, D. R., Finney, W. C., & Locke, B. R. (1999). Aqueous-phase pulsed streamer corona reactor using suspended activated carbon particles for phenol oxidation: model-data comparison. Chemical Engineering Science, 54(15), 3095-3105.

Hamed, M. M., Khalafallah, M. G., & Hassanien, E. A. (2004). Prediction of wastewater treatment plant performance using artificial neural networks. Environmental Modelling & Software, 19(10), 919-928.

Han, H.-G., Zhang, L., Liu, H.-X., & Qiao, J.-F. (2018). Wielocelowy projekt sterownika sieci rozmytej sieci neuronowej dla procesu oczyszczania ścieków. Zastosowany Soft Computing, 67, 467-478.

Hang, Y., Qu, M., & Ukkusuri, S. (2011). Optymalizacja projektowania układu chłodzenia słonecznego przy użyciu centralnych technik projektowania kompozytowego. Energy and Buildings, 43(4), 988-994.

Hansch, C., & Fujita, T. (1964). p-σ - π analysis. a method for the correlation of biological activity and chemical structure. Journal of the American Chemical Society, 86(8), 1616-1626.

Hardiman, T., Meinhold, H., Hofmann, J., Ewald, J. C., Siemann-Herzberg, M., & Reuss, M. (2010). Prediction of kinetic parameters from dna-binding site sequences for modeling global transcription dynamics in escherichia coli. Metabolic Engineering, 12(3), 196-211.

Haritash, A., & Kaushik, C. (2009). Biodegradation aspects of polycyclic aromatic hydrocarbons (pahs): A review. Journal of Hazardous Materials, 169(1), 1-15.

Hassani, A., Khataee, A., Fathinia, M., & Karaca, S. (2018). Fotokatalityczne ozonowanie cyprofloksacyny z roztworu wodnego przy użyciu nanokompozytu TiO2/mmt: Nieliniowe modelowanie i optymalizacja procesu poprzez sztuczną sieć neuronową zintegrowany algorytm genetyczny. Bezpieczeństwo procesu i ochrona środowiska, 116, 365-376.

Haykin, S. (1994). Sieci neuronowe. Kompleksowa fundacja. Nowy Jork: IEEE Press. Haykin, S. (2009). Sieci neuronowe i maszyny do nauki.

Prentice Hall. Hernandez-Mejia, G., Alanis, A. Y., & Hernandez-Vargas, E. A. (2018). Neuronowe sterowanie odwrotne optymalne dla układów impulsowych w czasie dyskretnym. Neurocomputing, 314, 101-108.

Hertz, J. A. (2018). Wprowadzenie do teorii obliczeń neuronowych. CRC Press.

Hoffmann, M. R., Martin, S. T., Choi, W., & Bahnemann, D. W. (1995). Environmental applications of semiconductor photocatalysis. Chemical Reviews, 95(1), 69-96.

Hoigne, J., & Bader, H. (1983). Stałe stężenia reakcji ozonu ze związkami organicznymi i nieorganicznymi w wodzie-i. Water Research, 17, 173-183.

Hoigné, J., & Bader, H. (1983). Stałe stężenia reakcji ozonu ze związkami organicznymi i nieorganicznymi w pasztetach wodnych: Nie dysocjujące związki organiczne. Water Research, 17(2), 173-183.

Hopfield, J. J. (1982). Sieci neuronowe i systemy fizyczne o pojawiających się zbiorowych zdolnościach obliczeniowych. Postępowanie Narodowej Akademii Nauk, 79(8), 2554-2558.

Hsieh, H.-Y., & Tang, K.-T. (2012). Vlsi wdrożenie bio-inspirowanej węchowej sieci neuronów kolczastych. IEEE Transactions on Neural Networks and Learning Systems, 23(7), 1065-1073.

Hunter, D., Yu, H., Pukish III, M. S., Kolbusz, J., & Wilamowski, B. M. (2012). Selection of proper neural network sizes and architecturesâa comparative study. IEEE Transactions on Industrial Informatics, 8(2), 228-240.

Hussain, M., & Kershenbaum, L. (2000). Implementation of an inverse-model-based control strategy using neural networks on a partially simulated exothermic reactor. Chemical Engineering Research and Design, 78(2), 299-311.

Ioannou, P., & Sun, J. (1996). Solidna kontrola adaptacyjna. Prentice Hall. Jans, U., & Hoigné, J. (1998). Węgiel aktywny i czerń węglowa katalizowały przemianę wodnego ozonu w oh-radicals. Nauka i inżynieria oazonowa.

Jha, P., Kana, E., & Schmidt, S. (2017). Czy metodologia sztucznych sieci neuronowych i powierzchni reakcji może wiarygodnie przewidzieć produkcję wodoru i usuwanie dorsza w bioreaktorze uasb? International Journal of Hydrogen Energy, 42(30), 18875-18883.

Ji, S., Xu, W., Yang, M., & Yu, K. (2013). Trójwymiarowe konwulsyjne sieci neuronowe do rozpoznawania ludzkich działań. IEEE Transactions on Pattern Analysis and Machine Intelligence, 35(1), 221-231.

Jordan, M. I. (1996). Komputerowe aspekty sterowania ruchem i uczenia się silników. Handbook of Perception and Action, 2, 71-120. Jorjani, E., Chelgani, S. C., & Mesroghli, S. (2008). Application of artificial neural networks to predict chemical desulfurisation of tabas coal. Fuel, 87(12), 2727- 2734.

Kar, A. K. (2016). Bioinspirowane obliczenia - przegląd algorytmów i zakresu zastosowań. Expert Systems with Applications, 59, 20-32.

Karayiannis, N., & Venetsanopoulos, A. N. (2013). Artificial neural networks: learning algorithms, performance evaluation, and applications: 209. Springer Science & Business Media.

Kasabov, N. K. (1996). Podstawy sieci neuronowych, systemów rozmytych i inżynierii wiedzy. Marcel Alencar.

Kermani, B. G., Schiffman, S. S., & Nagle, H. T. (2005). Performance of the Levenberg-Marquardt neural network training method in electronic nose applications. Sensors and Actuators B, 110(1), 13-22.

Kessy, H. N., Wang, K., Zhao, L., Zhou, M., & Hu, Z. (2018). Wzbogacanie i biotransformacja związków fenolowych z perykarpu litchi o aktywności inhibicji angiotensyny i konwertowania enzymu (ace). LWT, 87, 301-309.

Khashei, M., & Bijari, M. (2010). An artificial neural network (p, d, q) model for timeseries forecasting. Expert Systems with Applications, 37(1), 479-489.

Khataee, A., Dehghan, G., Zarei, M., Ebadia, E., & M. , P. (2011). Neural network modeling of biotreatment of triphenylmethane dyeye solution by a green macroalgae. Chemical Engineering Research and Design, 89, 172-178.

Khataee, A., Movafeghi, A., Torbati, S., Lisar, S. S., & Zarei, M. (2012). Phytoremediation potential of duckweed (lemna minor l.) in degradation of ci acid blue 92: Modelowanie sztucznej sieci neuronowej. Ecotoxicology and Environmental Safety, 80, 291-298.

Khongkliang, P., Kongjan, P., Utarapichat, B., Reungsang, A., & Sompong, O. (2017). Continuous hydrogen production from cassava starch processing wastewater by two-stage thermophilic dark fermentation and microbial electrolysis. International Journal of Hydrogen Energy, 42(45), 27584-27592.

Koller, M. (2018). A review on established and emerging fermentation schemes for microbial production of polyhydroxyalkanoate (pha) biopolyesters. Fermentacja, 4(2), 30.

Kong, Z., Vanrolleghem, P., Willems, P., & Verstraete, W. (1996). Simultaneous determination of inhibition kinetics of carbon oxidation and nitrification with a respirometer. Water Research, 30(4), 825-836.

Kumar, G., Sivagurunathan, P., Park, J.-H., & Kim, S.-H. (2015). Anaerobic digestion of food waste to methane at various organic loading rates (olrs) and hydraulic retention times (hrts): thermophilic vs. mesophilic regimes. Environmental Engineering Research, 21(1), 69-73.

Kurniawan, T. A., Lo, W.-H., & Chan, G. Y. (2006). Degradation of recalcitrant compounds from stabilized landfill leachate using a combination of ozone-gac adsorption treatment. Journal of hazardous materials, 137(1), 443-455.

Kwon, S., Fan, M., Cooper, A. T., & Yang, H. (2008). Fotokatalityczne zastosowania mikro- i nano-TiO2 w inżynierii środowiska. Critical Reviews in Environmental Science and Technology, 38(3), 197-226.

Lambert, R. M., Williams, F., Palermo, A., & Tikhov, M. S. (2000). Modelowanie promocji zasad w niejednorodnej katalityce: kontrola elektrochemiczna in situ reakcji katalitycznych. Tematy w katalizie, 13(1-2), 91-98.

Lan, S., Feng, J., Xiong, Y., Tian, S., Liu, S., & Kong, L. (2017). Działanie i mechanizm piezokatalitycznej degradacji 4-chlorofenolu: Znalezienie skutecznego odchlorowania piezoelektrycznego. Environmental science & technology, 51(11), 6560- 6569.

Landau, I. (1974). A survey of model reference adapttive techniquesâtheory and applications. Automatica, 10(4), 353-379.

Längkvist, M., Karlsson, L., & Loutfi, A. (2014). A review of unsupervised feature learning and deep learning for time-series modeling. Pattern Recognition Letters, 42, 11-24.

Larsson, G., Maire, M., & Shakhnarovich, G. (2016). Fractalnet: Ultra-głębokie sieci neuronowe bez pozostałości. arXiv preprint arXiv:1605.07648.

Laurinavichene, T., Tekucheva, D., Laurinavichius, K., & Tsygankov, A. (2018). Wykorzystanie ścieków z gorzelni do produkcji wodoru w jedno- i dwuetapowych procesach fotofermentacji. Enzyme and Microbial Technology, 110, 1-7.

Le, Q. V., Ngiam, J., Coates, A., Lahiri, A., Prochnow, B., & Ng, A. Y. (2011). O metodach optymalizacyjnych dla głębokiego uczenia się. In Proceedings of the 28th international conference on international conference on machine learning (str. 265-272).

Omnipress. LeCun, Y., Bengio, Y., & Hinton, G. (2015). Głębokie uczenie się. Natura, 521(7553), 436.

Ledakowicz, S., Michniewicz, M., Jagiella, A., Stufka-Olczyk, J., & Martynelis, M. (2006). Eliminacja kwasów żywicznych poprzez zaawansowane procesy utleniania i ich wpływ na późniejszą biodegradację. Water Research, 40(18), 3439-3446.

Levenspiel, O. (1980). Równanie monodalne: rewizja i uogólnienie do sytuacji hamowania produktów. Biotechnology and Bioengineering, 22(8), 1671-1687.

Li, Y., Liao, X., Huling, S. G., Xue, T., Liu, Q., Cao, H., et al. (2019). The combined effects of surfactant solubilization and chemical oxidation on the removal of polycyclic aromatic hydrocarbon from soil. Science of the Total Environment, 647, 1106-1112.

Liang, M., & Hu, X. (2015). Konwulsyjna sieć neuronowa do rozpoznawania obiektów. In Proceedings of the ieee conference on computer vision and pattern recognition (pp. 3367-3375).

Liao, S.-H., Chu, P.-H., & Hsiao, P.-Y. (2012). Techniki i zastosowania eksploracji danych - przegląd dekady od 2000 do 2011 roku. Expert Systems with Applications, 39(12), 11303-11311.

Linsebigler, A. L., Lu, G., & Yates Jr, J. T. (1995). Photocatalysis on TiO2 surfaces: principles, mechanisms, and selected results. Chemical Reviews, 95(3), 735-758.

Lipton, Z. C., Berkowitz, J., & Elkan, C. (2015). A critical review of recurrent neural networks for sequence learning. arXiv preprint arXiv:1506.00019.

Liu, B. (2016). Monte-carlo modelowanie fotokatalizy nano-materiałów: pomostowa aktywność fotokatalityczna i mikroskopijna kinetyka ładunku. Physical Chemistry Chemical Physics, 18(16), 11520-11527.

Lobos, J. H., Leib, T., & Su, T.-M. (1992). Biodegradacja bisfenolu a i innych bisfenoli przez bakterię tlenową gram-ujemną... Applied and Environmental Microbiology, 58(6), 1823-1831.

Lopez-Lopez, C., Martín-Pascual, J., Martínez-Toledo, M., Muñío, M., Hontoria, E., & Poyatos, J. (2015). Kinetic modelelling of toc removal by H2O2/uv, photo-fenton and heterogeneous photocatalysis processes to treat dye-containing wastewater. International Journal of Environmental Science and Technology, 12(10), 3255-3262.

Low, J., Cheng, B., & Yu, J. (2017). Modyfikacja powierzchni i zwiększona wydajność fotokatalitycznej redukcji Co2 TiO2: A recenzja. Applied Surface Science, 392, 658-686.

Luong, J. (1987). Generalizacja kinetyki monodowej do analizy danych wzrostu z hamowaniem substratów. Biotechnology and Bioengineering, 29(2), 242-248.

Méndez-Arriaga, F., Gimenez, J., & Esplugas, S. (2008). Photolysis and TiO2 photocatalytic treatment of naproxen: Degradacja, mineralizacja, półprodukty i toksyczność. Journal of Advanced Oxidation Technologies, 11(3), 435-444.

Miikkulainen, R., Liang, J., Meyerson, E., Rawal, A., Fink, D., Francon, O., et al. (2019). Ewoluujące głębokie sieci neuronowe. W sztucznej inteligencji w dobie sieci neuronowych i obliczeń mózgowych (str. 293-312). Elsevier.

Miotto, R., Wang, F., Wang, S., Jiang, X., & Dudley, J. T. (2017). Głęboka nauka dla opieki zdrowotnej: Przegląd, możliwości i wyzwania. Briefings in Bioinformatics, 19(6), 1236-1246.

Mirbagheri, S. A., Bagheri, M., Bagheri, Z., & Kamarkhani, A. M. (2015). Evaluation and prediction of membrane fouling in a submerged membrane bioreactor with simultaneous upward and downward aeration using artificial neural network- genetic algorithm. Process Safety and Environmental Protection, 96, 111-124.

Misra, J., & Saha, I. (2010). Sztuczne sieci neuronowe w sprzęcie: Badanie dwóch dekad postępu. Neurocomputing, 74(1-3), 239-255.

Miyamoto, H., Kawato, M., Setoyama, T., & Suzuki, R. (1988). Feedback-error-learningowa sieć neuronowa do kontroli trajektorii manipulatora robota... Sieci neuronowe, 1(3), 251-265.

Monier, E., Paltsev, S., Sokolov, A., Chen, Y.-H. H., Gao, X., Ejaz, Q., et al. (2018). Toward a consistent modeling framework to assess multi-sectoral climate impacts. Nature Communications, 9(1), 660.

Myers, R. H., Montgomery, D. C., & Anderson-Cook, C. M. (2016). Metodologia powierzchni reakcji: optymalizacja procesów i produktów przy użyciu zaprojektowanych eksperymentów.

John Wiley & Sons. Nagy, Z. K. (2007). Model based control of a yeast fermentation bioreactor using optimally designed artificial neural networks. Chemical Engineering Journal, 127(1-3), 95-109.

Nam, K., Rodriguez, W., & Kukor, J. J. (2001). Enhanced degradation of polycyclic aromatic hydrocarbons by biodegradation combined with a modified Fenton reaction. Chemosfera, 45(1), 11-20.

Narendra, K. S., & Mukhopadhyay, S. (1997). Sterowanie adaptacyjne z wykorzystaniem sieci neuronowych i modeli przybliżonych. Transakcje IEEE na sieciach neuronowych, 8(3), 475- 485.

do Nascimento, G. E., Napoleão, D. C., de Aguiar Silva, P. K., da Rocha Santana, R. M., Bastos, A. M. R., Zaidan, L. E. M. C., et al. (2018). Photo-assisted degradation, toxicological assessment, and modeling using artificial neural networks of reactive grey bf-2r dye. Water, Air, & Soil Pollution, 229(12), 379.

Nemerow, N. L., Agardy, F. J., & Salvato, J. A. (2009). Environmental engineering: prevention and response to water-, food-, soil-, and air-borne disease and illness.

Wiley. Nesbeth, D. N., Zaikin, A., Saka, Y., Romano, M. C., Giuraniuc, C. V., Kanakov, O., et al. (2016). Biologiczne drogi biologii syntetycznej do bio-sztucznej inteligencji. Essays in Biochemistry, 60(4), 381-391.

Noel, M. M., & Pandian, B. J. (2014). Control of a nonlinear liquid level system using a new artificial neural network based reinforcement learning approach. Applied Soft Computing, 23, 444-451.

Oh, W.-D., Dong, Z., & Lim, T.-T. (2016). Generacja siarczanowych rodników poprzez heterogeniczną katalizę do usuwania zanieczyszczeń organicznych: obecny rozwój, wyzwania i perspektywy. Applied Catalysis B, 194, 169-201.

de Oliveira, T. F., Chedeville, O., Fauduet, H., & Cagnon, B. (2011). Stosowanie sprzężenia ozon/węgiel aktywowany do usuwania ftalanu dietylu z wody: Wpływ właściwości teksturalnych i chemicznych węgla aktywnego. Odsalanie, 276(1-3), 359-365.

Oller, I., Malato, S., & Sánchez-Pérez, J. (2011). Combination of advanced oxidation processes and biological treatments for wastewater decontaminationâa review. Science of the Total Environment, 409(20), 4141-4166.

Ong, C. B., Ng, L. Y., & Mohammad, A. W. (2018). Przegląd nanocząsteczek ZnO jako fotokatalizatorów słonecznych: Synteza, mechanizmy i zastosowania. Renewable and Sustainable Energy Reviews, 81, 536-551.

Ottosen, L. M., Christensen, I. V., Rörig-Dalgaard, I., Jensen, P. E., & Hansen, H. K. (2008). Utilisation of electromigration in civil and environmental engineeringâprocesses, transport rates and matrix changes. Journal of Environmental Science and Health Part A, 43(8), 795-809.

Oulton, R. L., Kohn, T., & Cwiertny, D. M. (2010). Pharmaceuticals and personal care products in wastewater matrices: a survey of transformation and removal during wastewater treatment and implications for wastewater management. Journal of Environmental Monitoring, 12(11), 1956-1978.

Ovtcharov, K., Ruwase, O., Kim, J.-Y., Fowers, J., Strauss, K., & Chung, E. S. (2015). Akceleracja głębokich konwulsyjnych sieci neuronowych przy użyciu specjalistycznego sprzętu. Microsoft Research Whitepaper, 2(11), 1-4.

Pahigian, J. M., & Zuo, Y. (2018). Occurrence, endocrine-related bioeffects and fate of bisphenol a chemical degradation intermediates and impurities: A review. Chemosphere, 207, 469-480.

Pandian, B. J., & Noel, M. M. (2018). Kontrola bioreaktora przy użyciu nowego, częściowo nadzorowanego algorytmu uczenia się wzmocnienia. Journal of Process Control, 69, 16-29.

Pappu, J. S. M., & Gummadi, S. N. (2016). Modeling and simulation of xylitol production in bioreactor by debaryomyces nepalensis ncyc 3413 using unstructured and artificial neural network models. Bioresource Technology, 220, 490-499.

Parki, P. (1966). Liapunov przeprojektował wzorcowe adaptacyjne układy sterowania. IEEE Transactions on Automatic Control, 11(3), 362-367.

Pastore, C., Barca, E., Del Moro, G., Di Iaconi, C., Loos, M., Singer, H., et al. (2018). Comparison of different types of landfill leachate treatment by employment of nontarget screening to identify residual refractory organics and principal component analysis. Science of the Total Environment, 635, 984-994.

Patino, H. D., & Liu, D. (2000). System adaptacyjnego sterowania adaptacyjnego modelu referencyjnego opartego na sieci neuronowej. IEEE Transactions on Systems, Man, and Cybernetics, Part B (Cybernetics), 30(1), 198-204.

Pavel, L. V., & Gavrilescu, M. (2008). Przegląd technik dekontaminacji gleby exsitu. Environmental Engineering & Management Journal (EEMJ), 7(6).

Pendashteh, A. R., Fakhruâl-Razi, A., Chaibakhsh, N., Abdullah, L. C., Madaeni, S. S., & Abidin, Z. Z. (2011). Modeling of membrane bioreactor treating hypersaline oily wastewater by artificial neural network. Journal of Hazardous Materials, 192(2), 568-575.

Pera-Titus, M., Garcia-Molina, V., Baños, M. A., Giménez, J., & Esplugas, S. (2004). Degradacja chlorofenoli za pomocą zaawansowanych procesów utleniania: przegląd ogólny. Applied Catalysis B, 47(4), 219-256.

Pereira, V. J., Weinberg, H. S., Linden, K. G., & Singer, P. C. (2007). Uv degradation kinetics and modeling of pharmaceutical compounds in laboratory grade and surface water via direct and indirect photolysis at 254 nm. Environmental Science & Technology, 41(5), 1682-1688.

Pérez, A., Rodríguez-Santillan, J. L., Galicia, A., Chairez, I., & Poznyak, T. (2018). Strategia recyklingu wody zanieczyszczonej czernią reaktywną 5 w obecności dodatków poddanych prostej ozonacji. Ozonowanie, (właśnie przyjęte).

Pershin, Y. V., & Di Ventra, M. (2010). Eksperymentalna demonstracja pamięci skojarzonej z pamięcią sieci neuronowych. Sieci neuronowe, 23(7), 881-886.

Polyak, B., & Sherbakov, P. (2002). Solidna stabilność i kontrola. Moskwa, Rosja: Nauka.

Poznyak, A., Poliakow, A., & Azhmyakow, V. (2014). Atrakcyjne elipsoidy w solidnej kontroli. Springer.

Poznyak, A., Sanchez, E., & Yu, W. (2001). Differential neural networks for robust nonlinear control (Identification, state estimation and trajectory tracking). World Scientific.

Poznyak, A., Yu, W., SÃ¡nchez, E., & PĂl'rez, J. (1998). Analiza stabilności dynamicznych sieci neuronowych. Expert Systems and Applications, 14(1), 227-236.

Poznyak, A. S. (2008). Zaawansowane narzędzia matematyczne dla inżynierów sterowania automatycznego. Vol. 1: Techniki deterministyczne. Elsevier. Poznyak, T., & Araiza G, B. (2005). Ozonowanie niebiodegradowalnych mieszanin fenolu i pochodnych naftalenu w ściekach garbarskich. Ozonowanie mieszanin nieulegających biodegradacji fenolu i pochodnych naftalenu w ściekach garbarskich. 27(5), 351-357.

Poznyak, T., Chairez, I., & Poznyak, A. (2019). Ozonowanie i biodegradacja w inżynierii środowiska, dynamiczne podejście do sieci neuronowych. Elsevier.

Poznyak, T. I., Manzo, A., & Mayorga, J. L. (2003). Eliminacja chlorowanych nienasyconych węglowodorów z wody poprzez ozonowanie: Symulacja i porównanie danych doświadczalnych. Revista de la Sociedad Química de México, 47(1), 58-65.

Radac, M.-B., & Precup, R.-E. (2018). Bezdotykowa kontrola poślizgu układu przeciwblokującego z wykorzystaniem wzmocnienia q-learningowego. Neurocomputing, 275, 317-329.

Rao, C. (2007). Inżynieria kontroli zanieczyszczeń środowiska. New Age International. Razumovskii, S. D., & Zaikov, G. E. (1984). Ozon i jego reakcje ze związkami organicznymi. Ozon i jego reakcje ze związkami organicznymi. Elsevier.

Reible, D. (2017). Podstawy inżynierii środowiska. CRC Press.

Rivas, F. J. (2006). Policykliczne węglowodory aromatyczne sorbowane na glebach: krótki przegląd obróbki opartej na utlenianiu chemicznym. Journal of Hazardous Materials, 138(2), 234-251.

Rodríguez, J. L., Fuentes, I., Aguilar, C. M., Valenzuela, M. A., Poznyak, T., & Chairez, I. (2018). Ozonowanie katalityczne jako obiecująca technologia do zastosowania w uzdatnianiu wody: Zalety i ograniczenia. Ozonowanie w przyrodzie i praktyce. IntechOpen.

Rojas, R. (2013). Sieci neuronowe: systematyczne wprowadzenie. Springer Science & Business Media.

Roy, P., Periasamy, A. P., Liang, C.-T., & Chang, H.-T. (2013). Synteza nanokompozytów grafenowo-ZnO-au w celu efektywnej fotokatalitycznej redukcji nitrobenzenu. Environmental Science & Technology, 47(12), 6688-6695.

Rueda-Márquez, J., Sillanpää, M., Pocostales, P., Acevedo, A., & Manzano, M. (2015). Oczyszczanie wtórne biologicznie oczyszczonych ścieków zawierających zanieczyszczenia organiczne przy użyciu sekwencji zaawansowanych procesów utleniania na bazie H2O2: fotolizy i katalitycznego utleniania na mokro. Water Research, 71, 85-96.

Samarasinghe, S. (2016a). Sieci neuronowe dla nauk stosowanych i inżynierii: od podstaw do kompleksowego rozpoznawania wzorców. Publikacje Auerbacha. Samarasinghe, S. (2016b). Sieci neuronowe dla nauk stosowanych i inżynieryjnych: od podstaw do kompleksowego rozpoznawania wzorców: Od podstaw do kompleksowego rozpoznawania wzorców. Publikacje Auerbacha.

Sanches, S., Leitão, C., Penetra, A., Cardoso, V., Ferreira, E., Benoliel, M., et al. (2011). Direct photolysis of polycyclic aromatic hydrocarbons in drinking water sources. Journal of Hazardous Materials, 192(3), 1458-1465.

Sánchez-Polo, M., Leyva-Ramos, R., & Rivera-Utrilla, J. (2005). Kinetyka ozonowania kwasu 1, 3, 6-naftaleno-etrisulfonowego w obecności węgla aktywnego. Carbon, 43(5), 962-969.

Saravanan, R., Khan, M. M., Gupta, V. K., Mosquera, E., Gracia, F., Narayananan, V., et al. (2015). ZnO/Ag/CdO nanokompozyt do wywołanej światłem widzialnym fotokatalitycznej degradacji ścieków z przemysłowych wyrobów włókienniczych. Journal of Colloid and Interface Science, 452, 126-133.

Sastry, S., & Bodson, M. (1994). Kontrola adaptacyjna: stabilność, konwergencja i solidność. Prentice-Hall, Nowy Jork.

Schmidhuber, J. (2015). Głębokie uczenie się w sieciach neuronowych: Przegląd. Sieci neuronowe, 61, 85-117.

Schmitt, F., Banu, R., Yeom, I.-T., & Do, K.-U. (2018). Development of artificial neural networks to predict membrane fouling in an anoxic-aerobic membrane bioreactor treating domestic wastewater. Biochemical Engineering Journal, 133, 47- 58.

Schmitt, F., & Do, K.-U. (2017). Przewidywanie zanieczyszczenia membranowego przy użyciu sztucznych sieci neuronowych dla ścieków oczyszczanych przy użyciu technologii bioreaktorów membranowych: wąskie gardła i możliwości. Environmental Science and Pollution Research, 24(29), 22885-22913.

Serpone, N., Artemev, Y. M., Ryabchuk, V. K., Emeline, A. V., & Horikoshi, S. (2017). Light-driven advanced oxidation processes in the disposal of emerging pharmaceutical contaminants in aqueous media: a brief review. Current Opinion in Green and Sustainable Chemistry, 6, 18-33.

Shanmuganathan, S. (2016). Sztuczne modelowanie sieci neuronowej: Wprowadzenie. W sztucznym modelowaniu sieci neuronowej (s. 1-14). Springer.

Shannon, M. A., Bohn, P. W., Elimelech, M., Georgiadis, J. G., Marinas, B. J., & Mayes, A. M. (2010). Science and technology for water purification in the coming decades. W Nanonauce i technice: Zbiór recenzji z czasopism przyrodniczych (s. 337-346). World Scientific.

Sheela, K. G., & Deepa, S. N. (2013). Przegląd metod ustalania liczby ukrytych neuronów w sieciach neuronowych. Problemy matematyczne w inżynierii, 2013.

Shemer, H., & Linden, K. G. (2007). Photolysis, oxidation and subsequent toxicity of a mixture of polycyclic aromatic hydrocarbons in natural waters. Journal of Photochemistry and Photobiology A, 187(2), 186-195.

Shi, S., & Xu, G. (2018). Nowatorski model przewidywania wydajności systemu biofilmu oczyszczającego ścieki domowe oparty na sieci głębokiego uczenia się z wykorzystaniem autokoderów denoisingowych. Chemical Engineering Journal, 347, 280-290.

Silva, A. M., Nouli, E., Xekoukoulotakis, N. P., & Mantzavinos, D. (2007). Effect of key operating parameters on phenols degradation during H2O2-assisted TiO2 photocatalytic treatment of simulated and actual olive mill wastewaters. Applied Catalysis B, 73(1-2), 11-22.

Silva, M., Coelho, M., & Araújo, O. (2018). Minimalizacja zawartości fenolu i azotu amoniakalnego w ściekach rafineryjnych z wykorzystaniem oczyszczania biologicznego. Engenharia Termica, 1(2), 33-37.

Sözen, A., Arcaklioglu, ˘ E., & Özalp, M. (2004). Estimation of solar potential in Turkey by artificial neural networks using meteorological and geographical data. Energy Conversion and Management, 45(18-19), 3033-3052.

Suthersan, S. S., Horst, J., Schnobrich, M., Welty, N., & McDonough, J. (2016). Inżynieria naprawcza: Koncepcje projektowe. CRC Press.

Suykens, J. A., Vandewalle, J. P., & de Moor, B. L. (2012). Sztuczne sieci neuronowe do modelowania i sterowania systemami nieliniowymi. Springer Science & Business Media.

Suzuki, K. (2011). Artificial neural networks: methodological advances and biomedical applications. BoD-Books on Demand.

Swanson, N. R., & White, H. (1995). Modelowe podejście do oceny informacji w pojęciowej strukturze przy użyciu modeli liniowych i sztucznych sieci neuronowych. Journal of Business & Economic Statistics, 13(3), 265-275.

Tian, Y., Zhang, J., & Morris, J. (2002). Optimal control of a fed-batch bioreactor based on an augmented recurrent neural network model. Neurocomputing, 48(1-4), 919-936.

Turolla, A., Piazzoli, A., Budarz, J. F., Wiesner, M. R., & Antonelli, M. (2015). Experimental measurement and modeling of reactive species generation in Tio2 nanoparticle photocatalysis. Chemical Engineering Journal, 271, 260-268.

Ungar, L. H. (1995). 16 a bioreaktor benchmarking for adapttive net work-based process control. In Neural networks for control (pp. 387-402).

Valdramidis, V., Belaubre, N., Zuniga, R., Foster, A., Havet, M., Geeraerd, A., et al. (2005). Development of predictive modelelling approaches for surface temperature and associated microbiological inactivation during hot dry air decontamination. International Journal of Food Microbiology, 100(1-3), 261-274.

Valentinotti, S., Srinivasan, B., Holmberg, U., Bonvin, D., Cannizzaro, C., Rhiel, M., et al. (2003). Optimal operation of fed-batch fermentations via adaptive control of overflow metabolit. Control Engineering Practice, 11(6), 665-674.

Vazquez-Rodriguez, G., Youssef, C. B., & Waissman-Vilanova, J. (2006). Dwuetapowe modelowanie biodegradacji fenolu przez aklimatyzowany osad czynny. Chemical Engineering Journal, 117(3), 245-252.

Vinod, A. V., Kumar, K. A., & Reddy, G. V. (2009). Symulacja procesu biodegradacji w bioreaktorze ze złożem fluidalnym z wykorzystaniem algorytmu genetycznego przeszkolonej sieci neuronowej typu feedforward. Biochemical Engineering Journal, 46(1), 12-20.

Walczak, S. (2019). Sztuczne sieci neuronowe. In Advanced methodologies and technologies in artificial intelligence, computer simulation, and human-computer interaction (pp. 40-53).

IGI Global. Wang, T., Gao, H., & Qiu, J. (2015). Połączona adaptacyjna sieć neuronowa i nieliniowy model sterowania predykcyjnego dla wieloprzepływowej kontroli procesów przemysłowych połączonych w sieć. IEEE Transactions on Neural Networks and Learning Systems, 27(2), 416-425.

Wen, J., Li, X., Liu, W., Fang, Y., Xie, J., & Xu, Y. (2015). Podstawy fotokatalizy i modyfikacja powierzchni nanomateriałów TiO2. Chinese Journal of Catalysis, 36(12), 2049-2070.

Wert, E. C., Rosario-Ortiz, F. L., Drury, D. D., & Snyder, S. A. (2007). Formation of oxidation byproducts from ozonation of wastewater. Water Research, 41(7), 1481-1490.

Xu, L., Ren, J. S., Liu, C., & Jia, J. (2014). Deep convolutional neural network for image deconvolution. In Advances in neural information processing systems (pp. 1790-1798).

Yamanè, T., & Shimizu, S. (1984). Techniki paszowe w procesach mikrobiologicznych. W kontroli parametrów procesu biologicznego (s. 147-194). Springer.

Yang, H., & Liu, J. (2018). Metoda adaptacyjnej kontroli sieci neuronowej rbf dla klasy systemów nieliniowych. IEEE/CAA Journal of Automatica Sinica, 5(2), 457-462.

Yang, L., Si, B., Martins, M. A., Watson, J., Chu, H., Zhang, Y., et al. (2018). Improve the biodegradability of post-hydrothermal liquefaction wastewater with ozon: conversion of phenols and n-heterocyclic compounds. Water Science and Technology, 2017(1), 248-255.

Yang, S. X., Zhu, A., Yuan, G., & Meng, M. Q.-H. (2011). Bioinspirowane neurodynamiczne podejście do kontroli śledzenia robotów mobilnych. IEEE Transactions on Industrial Electronics, 59(8), 3211-3220.

Yordanov, R., Melvin, M., Law, S., Littlejohn, J., & Lamb, A. (1999). Effect of ozone pre-treatment of coloured upland water on some biological parameters of sand filters. Ozon, 21(6), 615-628.

Yoshida, H., Miyashita, Y., & Sasaki, S.-i. (1996). Modelowanie halometanów przy użyciu sieci neuronowych. Chemometrics and Intelligent Laboratory Systems, 32(2), 193-199.

Młody, P. (1998). Modelowanie mechanistyczne oparte na danych systemów środowiskowych, ekologicznych, ekonomicznych i inżynieryjnych. Modelowanie środowiskowe i oprogramowanie, 13(2), 105-122.

Zainab, R., Vijayaraghavalu, S., Prasad, H. K., & Kumar, M. (2019). Oczyszczanie i recykling ścieków z przemysłu mleczarskiego. In R. Singh, & R. Singh (Eds.), Advances in Biological Treatment of Industrial Wasteewater and their Recycling for a Sustainable Future. Stosowane nauki środowiskowe i inżynieria dla zrównoważonej przyszłości. Singapur: Springer.

Zhao, Z., Lou, Y., Chen, Y., Lin, H., Li, R. i Yu, G. (2019). Prediction of interfacial interactions related with membrane fouling in a membrane bioreactor based on radial basis function artificial neural network (ANN). Technologia zasobów biologicznych.

Zheng, S., Jayasumana, S., Romera-Paredes, B., Vineet, V., Su, Z., Du, D., et al. (2015). Warunkowe pola losowe jako rekurencyjne sieci neuronowe. In Proceedings of the ieee international conference on computer vision (pp. 1529-1537).

Zhou, Y., Li, G., Dong, J., Xing, X.-h., Dai, J., & Zhang, C. (2018). Miya, an efficient machinee-learning workflow in conjunction with the yeastfab assembly strategy for combinatorial optimization of heterologous metabolic pathways in saccharomyces cerevisiae. Metabolic Engineering, 47, 294-302.

Zielinska, ´ B., Grzechulska, J., Kalenczuk, ´ R. J., & Morawski, A. W. (2003). The pH influence on photocatalytic decomposition of organic colours over a11 and p25 titanium dioxide. Applied Catalysis B, 45(4), 293-300.

Zou, J., Han, Y., & So, S.-S. (2008). Przegląd sztucznych sieci neuronowych. W Sztucznych Sieciach Neuronowych (s. 14-22). Springer.

Shiliang Liu, Wenping Li . 2019. Analiza wrażliwości wskaźników dla geologicznych wzorców inżynieryjno-środowiskowych spowodowanych przez podziemne wydobycie węgla z integracją teorii zmiennej masy i ulepszonym modelem wydłużenia materii. Science of the Total Environment, Tom 686, 10 października 2019, str. 606-618.

Xiaodan Chen, Hao Wang, Husam Najm, Giri Venkiteela, John Hencken. 2019. Ocena właściwości inżynieryjnych i wpływu na środowisko przepuszczalnego betonu z popiołem lotnym i żużlem. Journal of Cleaner Production, Volume 237, 10 November 2019, Article 117714.

Bestami Özkaya, Anna H. Kaksonen, Erkan Sahinkaya, Jaakko A. Puhakka. 2019.bioreaktor ze złożem fluidalnym dla wielu rozwiązań inżynierii środowiska. Water Research, Volume 150, 1 March 2019, Pages 452-465.

Anna H.Kaksonen, Erkan Sahinkaya, Jaakko A.Puhakka,. 2018.bioreaktor ze złożem fluidalnym dla wielu rozwiązań inżynierii środowiska. Bestami Özkaya, https://doi.org/10.1016/j.watres.2018.11.061. Badania nad wodą. Tom 150, 1 marca 2019, strony 452-465.

Baotong Zhu, Yingying Chen, Na Wei.2019.Engineering Biocatalytic and Biosorptive Materials for Environmental Applications. Trendy w biotechnologii, tom 37, wydanie 6, czerwiec 2019, strony 661-676.

Meng Zhang, Jun Gu, Yu Liu.2019. Wykonalność inżynieryjna, opłacalność ekonomiczna i zrównoważenie środowiskowe odzyskiwania energii z podtlenku azotu w biologicznej oczyszczalni ścieków. Bioresource Technology, Tom 282, czerwiec 2019, str. 514-519.

E. M. A. Strain, R. L. Morris, M. J. Bishop, E. Tanner. 2019.Budowa niebieskiej infrastruktury: Assessing the key environmental issues and priority areas for ecological engineering initiatives in Australia's metropolitan embayments. Journal of Environmental Management, Volume 230, 15 January 2019, Pages 488-496.

Podręcznik inżynierii środowiska EPA. JR Boulding - 2019 - content.taylorfrancis.com. Cecil Cross, Science Applications International Corporation (SAIC), Cincinnati, OH.

Inżynieria środowiskowa jako narzędzie zmniejszania ryzyka produkcji przemysłowej w regionie. E Afanasieva, O Koreva, V Tikhii - Science and Engineering, 2019 - iopscience.iop.org.

Saeed Ghaffari, Nasser Talebbeydokhti.2013.Status edukacji w zakresie inżynierii środowiska w różnych krajach w porównaniu z sytuacją w Iranie. Procedia - Nauki społeczne i behawioralne, tom 102, 22 listopada 2013 r., s. 591-600.

Nguyen, D. Q., & Pudlowski, Z. J. Przegląd edukacji w zakresie inżynierii środowiska w ostatniej dekadzie: perspektywa globalna. 2nd WIETE Annual Conference on Engineering and Technology Education, Pattaya, Thailand. 2011.

Poszukiwanie globalnego modelu edukacji w zakresie inżynierii środowiska Duyen Q. Nguyen Monash University Melbourne, Australia. World Transactions on Engineering and Technology Education. 2002 UICEE Vol.1, No.1, 2002.

ENVIRONMENTAL ENGINEERING EDUCATION IN IRAN: NEEDS, PROBLEMS AND SOLUTIONS Mohammad Reza Alavi Moghaddam* , Reza Maknoun, Ahmad Tahershamsi. Environmental Engineering and Management Journal November/December 2008, Vol.7, No.6, 775-779 http://omicron.ch.tuiasi.ro/EEMJ/. "Gheorghe Asachi" Technical University of Iasi, Rumunia.

Edukacja w zakresie inżynierii środowiska w Ameryce Północnej P.L. Bishop Department of Civil and Environmental Engineering, University of Cincinnati, P.O. Box 210071, Cincinnati, OH 45221-0071, USA. Water Science and Technology Vol 41 No 2 pp 9-16 © IWA Publishing 2000.

Amjad Kallel, Zeynal Abiddin Erguler, et al. 2018. Recent advances in Geo-Environmental Engineering, Geomechanics and Geotechnics, and Geohazards. Proceedings of the 1st Springer conference of the Arabian Journal of Geosciences (CAJG-1) , Tunisia 2018.

Carmen Teodosiu a , Anton Friedl b , Krzysztof Urbaniec c,*.2014. Raport z konferencji Raport z konferencji 7. Międzynarodowa Konferencja Inżynierii Środowiska i Zarządzania ICEEM07 . Spisy treści dostępne w ScienceDirect Journal of Cleaner Production. Journal of Cleaner Production 67 (2014) 291e292.

Rozdział 5: An Environmental Engineering Case Study Engineering Standards for Forensic Application, 2019, str. 69-75. Richard W. McLay, Joel A. Miele.

Hterojunkcje projektowe i inżynieryjne do fotoelektrochemicznego monitoringu zanieczyszczeń środowiska: Przegląd. Kataliza stosowana B: Środowiskowa, Tom 248, 5 lipca 2019 r., Strony 405-422. Lei Shi, Yu Yin, Lai-Chang Zhang, Shaobin Wang, Hongqi Sun.

Noor Ezlin Ahmad Basri, Shahrom Md. Zain, Othman Jaafar, Hassan Basri, Fatihah Suja.2012. Wprowadzenie do inżynierii środowiska: Podejście do nauki oparte na problemach w celu zwiększenia świadomości ekologicznej wśród studentów inżynierii lądowej i wodnej. Procedury - Nauki społeczne i behawioralne, tom 60, 17 października 2012 r., s. 36-41.

Odpady z recyklingu piasku odlewniczego jako trwałego materiału budowlanego do wypełniania i układania rur: Inżynieria i ocena środowiskowa. Zrównoważone miasta i społeczeństwo, tom 28, styczeń 2017, strony 343-349.

Carmen Teodosiu, Francesc Castells. 2017. Inżynieria i zarządzanie środowiskiem, Postępy i wyzwania dla zrównoważonego rozwoju: Wprowadzenie do ICEEM08. Bezpieczeństwo procesów i ochrona środowiska, tom 108, maj 2017, str. 1-6.

Asher Brenner, Mordechaj Shacham, Michael B. Cutlip. 2005. Zastosowania matematycznych pakietów oprogramowania do modelowania i symulacji edukacji w zakresie inżynierii środowiska. Environmental Modelling & Software, Volume 20, Issue 10, October 2005, Pages 1307-1313.

F. GutiéRrez-MartíN, M. F. Dahab. .1998. Zagadnienia zrównoważonego rozwoju i zapobiegania zanieczyszczeniom w edukacji w zakresie inżynierii środowiska. Water Science and Technology, Volume 38, Issue 11, 1998, str. 271-278.

Jozefina Drotarova, Monika Blistanova, 2015. Znaczenie i optymalizacja procesu edukacyjnego w zakresie zarządzania środowiskiem i inżynierii środowiska dla menedżerów bezpieczeństwa. Procedury - Nauki społeczne i behawioralne, tom 186, 13 maja 2015 r., str. 1050-1054.

Rao Bhamidimarri, Ken Butler. 1998. Edukacja w zakresie inżynierii środowiska w tysiącleciu: Zintegrowane podejście. Water Science and Technology, Volume 38, Issue 11, 1998, Pages 311-314.

Theo G. Schmitt, Peter A. Wilderer. 1996. Edukacja w zakresie inżynierii środowiska w Niemczech. Water Science and Technology, Volume 34, Issue 12, 1996, Pages 183-190.

Tsair-Fuh Lin, Veeriah Jegatheesan, Li Shu, Eldon Raj Rene. 2020. Challenges in Environmental Science/Engineering and Emerging Sustainable Practices for Future Water Conservation. Chemosfera, tom 238, styczeń 2020 r., artykuł 124591.

R. Van Der Vorst. 1994. Edukacja w zakresie inżynierii środowiska jako zagadnienie edukacji w zakresie kontroli. IFAC Proceedings Volumes, Volume 27, Issue 9, August 1994, Pages 65-68.

S. E. Mbuligwe . 2011. Różne opcje dla różnych potrzeb inżynierii zdrowia środowiskowego: Uzasadnienie, technologie i praktyki. Encyklopedia zdrowia środowiskowego, 2011, s. 147-157.

R. Liang, G. Hota. 2013. 16: Kompozyty z polimerów wzmocnionych włóknem szklanym (FRP) w zastosowaniach inżynierii środowiska. Developments in Fiber-Reinforced Polymer (FRP) Composites for Civil Engineering, 2013, Pages 410-468.

T. F. H Allen, M. Giampietro, A. M Little. 2003.Odróżnienie inżynierii ekologicznej od inżynierii środowiskowej. Inżynieria ekologiczna, tom 20, wydanie 5, październik 2003, str. 389-407.

VU'gants E, Blumberga A, Ţjabs I, Timma L. Dynamika zastępowania technologii: przypadek dyfuzji ekoinnowacji. J Cleaner Production 2014; w ramach peer-review: 24 p.

Alan Manning.1992.Pragmatyczne możliwości oprzyrządowania i automatyzacji w ramach systemów inżynierii środowiska. ISA Transakcje, tom 31, wydanie 1, 1992, strony 9-15.

Rakesh Agrawal, Subhas K Sikdar. 2013. Energetyka i inżynieria środowiska. Current Opinion in Chemical Engineering, Volume 2, Issue 3, August 2013, Pages 271-272.

Marinus Otte. 2013. Wprowadzenie do inżynierii środowiska. Wskaźniki ekologiczne, tom 24, styczeń 2013, strona 82.

Vilas G Pol.2016. Przegląd redakcyjny: Energetyka i inżynieria środowiska: Nowoczesna efektywność energetyczna (E4). Current Opinion in Chemical Engineering, Volume 13, August 2016, Pages vii-viii.

Eugene P. Odum. 1994. Redakcja. Inżynieria ekologiczna i środowiskowa: Potencjał postępu. Inżynieria ekologiczna, Tom 3, wydanie 2, czerwiec 1994, str. 107-119.

B. J. Williams. 1995. Interfejsowe modele inżynierii środowiska z wykorzystaniem technik obiektowych. Environment International, Volume 21, Issue 5, 1995, Pages 753-756.

Wenqiang Sun, Xiandong Xu, Ziqiang Lv, Hujun Mao, Jianzhong Wu. 2019. Ocena oddziaływania na środowisko odprowadzania ścieków z wielozanieczyszczającymi substancjami z hutnictwa żelaza i stali. Journal of Environmental Management, Volume 245, 1 September 2019, Pages 210-215.

Lewis Clark. 1996. Rekultywacja wód gruntowych i podpowierzchniowych: Strategie badawcze dla technologii In-situ: Redakcja: Helmut Kobus, Baldur Barczewski i Hans-Peter Koschitsky. Environment Engineering Series, Springer-Verlag, 1996, ISBN 3-540-60916-4, 337 str. Cena DM 148,00. Zanieczyszczenie środowiska, Tom 94, wydanie 1, 1996, str. 101-102.

Printed by Books on Demand GmbH, Norderstedt / Germany